日本復活への企画書

ロボット産業が自動車産業を超える日

群馬発

高橋憲行

上毛新聞社

はじめに

21世紀の産業革命が、いよいよ日本から始まる
……ロボット産業の本格化が日本新生の引き金に！……

２０１４年暮れの総選挙は安倍首相率いる与党の地滑り的な大勝に終わった。投票率は戦後最低だったが、実態は安倍首相そしてアベノミクスへの信任投票という性格を帯びた総選挙となり、安倍首相は信任されたといえるだろう。

12年の安倍政権誕生から景気の浮揚感があり、一見、成功しているかに見えるが実態はそう簡単ではない。14年４月の消費増税で景気は冷え込み、予定していた15年春の消費税10％は18ヵ月先送りを衆院選で掲げたのもそうした経緯からだ。

アベノミクスを再確認してみよう。

第1の矢「異次元の金融緩和」の結果、大幅な円安となりトヨタを筆頭に輸出主導の大企業が大きく復活し、関連して株式市場が活況になった。しかし、円安はガソリンや燃油の上昇を招き、14年４月からは消費増税が追い打ちをかけ地方経済にはデメリットが多く、今後、さらに物価上昇が消費者と地方を苦しめる可能性は、むしろこれからだ。

第2の矢「財政出動」は国土強靭化なども含めた公共事業への大幅な財政政策で建設関連や不動産関連企業が活況になったが、さらに**第4の矢**が加わった。

2013年9月、安倍首相がG20を途中で抜け出してアルゼンチンへ飛び、オリンピック招致に成功。東京オリンピック開催が第4の矢となった。建設業にはさらにメリットになったが、なにしろ200万人が建設業を去っており人手不足が深刻だ。

第3の矢「成長戦略」は最重要だが14年6月までは総花的すぎて実態は見えず、4月の消費増税後のGDPは落ち込み、楽観できない状況だ。

アベノミクスは大企業など経済強者にはかなりの救済策となり、有効求人倍率も上昇傾向にあるが、中小企業や商店などの弱者や地方経済には、むしろデメリットが見える。

とはいえ**アベノミクスのシナリオは、基本的には王道**だ。

――金融政策で円安誘導し、まず輸出型企業に活力を与え、並行して財政政策で政府が景気を下支えし、最後には第3の矢による成長戦略で結果として民間の投資や経済活動に刺激を与え、景気を上昇させて安定軌道にのせる――というものだ。

第1の矢と第2の矢は、日本経済という悪化した患者への政府によるカンフル剤のようなもので、まず経済の病弱体質を治し、患者の健康回復を待つ……というわけだ。

患者が元気になり健康な活動が第3の矢であり、ここにダイナミックな変化を日本にもたらす構想だったが当初は単純に総花的なものでしかなかった。

しかし、**2014年6月の成長戦略改定版**で、とくに介護ロボットに言及し、

……日本からロボットによる新たな革命を起こす……

としているがロボットは成長戦略の核に座るべき課題の大きなひとつで絶対に外せないが中身は問題だらけで、シナリオを間違えると成長軌道を外れる可能性も高い。

成長戦略は方針レベルで終わっており現実的にはマーケティングまで見通さなければ実現が難しい。

他国に先を越されて優位性を失う可能性も十分にあるのだ。

日本の置かれた環境は非常に難しい局面にあり、キーワードで単純に示そう。

産業経済からは「空洞化」「ＴＰＰ」

社会的な面では相互に関連するが「少子高齢化」「人口減」「介護と医療」

憲法、教育、地方活性化、防衛や政治システムなど、喫緊の課題が山積しているが、ひとまず５つのキーワードをからめて話を進めることにしよう。

国内産業がアジア他へ移転して産業の「空洞化」が激しく、大企業が業績をあげてもグローバルな激戦に勝つために世界各地に再投資し、日本へ投資が少ない事態は続く。

ＴＰＰは日本の農業他を壊滅的な状況に追いやる事態がかいまみえる。もっともＴＰＰは農業論議が中心になりすぎるが、実は他の分野により多くの問題を含んでいる。

「少子高齢化」と「人口減」は、評論家や政治家のお題目になり『日本衰退論』へ悲観論ばかりを声高にテレビカメラの前でエラそうに話す。批判だけでなく対策をも考えて提案するのが評論家であり、政策を具体化するのが政治家の役目だが、悲観論ばかりで不安をあおってメシを食らう輩だらけだったのがこの20年間のなさけない日本だった。

「介護と医療」は少子高齢化では当然のテーマで、また悲観論者が騒ぎたてる。かつては労働人口（15～65歳）10人で1人の高齢者を支えたが、いずれ2人で1人を支える時代になると悲観論ばかり披瀝してギャラをとる言語道断な輩ばかりの現実があった。

さきのキーワードの複合的な解決に「ロボット」の出番があり、アベノミクスの「成長戦略」の一環に加わったことと先の総選挙で安倍首相の長期政権がほぼ確定した。

江戸末期の黒船による開国と明治維新後の大躍進、先の敗戦からの奇跡的な高度成長、そして失われた20年からの脱出という第3の躍進へのドアが開かれた。

安倍首相は、日本史上の歴代総理では伊藤博文か吉田茂クラス、いやそれを超える存在になる可能性も出てきたがすべてはシナリオ次第、ロードマップ次第なのだ。

消費税アップには世界中が疑問を投げかけ、ノーベル経済学賞のクルーグマン博士は消費税10％で日本経済は破綻すると言っていたが、18ヵ月伸ばした間になんとかなるかは未知数だ。しかし、ロボットを産業の中核に据えることは大きい。

ここでは簡潔に示し本文で述べる。

・**ロボット産業が空洞化を救う**……ロボットは新しいコンセプトの産業であり、日本の社会や産業の問題解決に最適なことから旧産業が空洞化してもロボット産業は内需拡大の核に据えることができ、地方も含めた日本各地でロボットによる産業活性化が可能だ。

・**介護ロボットが少子高齢化を救う**……高齢化速度が速く、介護の人材不足は介護ロボットの開発を促し介護コストの低価格化と政府負担の減少に寄与する。介護ロボットの延長線上には生活支援ロボットやサービスロボットなどが多数ある。

・TPPは農業ロボットが解決する……農業従事者は平均年齢が67歳という異常な「若少老多」業態だ。農業は10年以内に壊滅状態に近づく。ここに全自動ロボットを導入すると農業の活性化に大きく貢献し、TPPの心配も減る。同様に林業や漁業にも展開可能だ。

・建設ロボットは移民問題を防ぐ……建設ロボットは国土強靭化に欠かせない。国土強靭化やオリンピック特需で建設労働者は確実に不足する。一部で外国人労働者の受け入れに積極的な輩がいるが労働者が定住し、犯罪や社会問題が多発する欧州の事態を見れば慎重にすべきだろう。これらの対策としても建設ロボットの開発が急がれる。

■少子化、人口減で大繁栄社会を築く

多様なロボットが産業に生活に活躍する状況が日本の新時代をつくる。

少子化が経済を衰退させるという間抜けな評論家や知識人はあまりに多いが、ビジネスでは少人数で多くの利益を得る会社こそ経営力が強いのと同様に、少子化、人口減でありながら、豊かな国家を目指し、具体化することが国家経営なのだ。

少子化だがロボットが多数「膨大な低価格労働力」として活動する姿を想像すればいい。するとロボットの数だけ産業が栄えるのだ。

現在、日本に乗用車など自動車は7600万台を数える。これによる産業波及効果は計り知れないよ

うに、**2050年頃には1億体のロボットが日本の各地で活躍**することを考えてみよう。どれほどの産業の活性化が起こるだろうか。

ロボット産業以外にも多様な新たな産業創出が可能な局面に日本はあるが、まず本書ではその序章としてロボット産業のシナリオを描いてみた。

私は本書を10年前より、多くの出版社に提案したが日の目をみなかった。だが今回、上毛新聞社の皆様から強いご支援をいただき本書が刊行できたことに心から感謝したい。

ロボットは読者の皆さんにとって10年もしないうちにじつに身近な存在になる。そうした時代が、まさに来ようとしているのだ。

「少子高齢化」にもかかわらず、すばらしい未来が。

2015年3月

企画塾塾長　高橋憲行（たかはしけんこう）

目次

第５章 群馬からロボット産業の飛躍を 201

あとがき 日本再生にむけて

第1章

ロボット産業が日本を救う

少子高齢化を日本の悲惨な未来のように言う人たちが多い。

しかし、幸いにして日本には高精細度技術が膨大に集積しており、それを利用すると超低価格労働者が多数いる人口増状態ができる。

それが「ロボット」だ。

人工知能も急伸し、困難な作業もこなす人間のパートナーができる。ロボット産業が日本を救うのだ。

少子高齢化こそ、ビジネスチャンス

日本にだけ、ロボット産業が開花爛熟する素地があることを喜ぼう

「少子高齢化」「年金問題」「介護と医療」「人口減」「地方衰退」「限界集落」「869市区町村消滅」など、日本の未来は暗いと日々の新聞雑誌やテレビで語られる。こぞって日本の未来を悲観してみせるのは何だろう。それほど日本をダメにしたいのか。

先にあげた日本が衰退するらしいキーワードこそ、あらたな地平を開くための素晴らしい課題であり鍵なのだ。**問題を課題とし、解決する**から未来は明るくなる。

日本は高度成長期からバブル崩壊した後にも研究者や技術者は身を粉にして血のにじむような努力をして世界に冠たる「高精細度技術」を創り上げている。これらの技術は人間でいえばセンサーが目や耳の機能を持ち、多様な駆動装置は骨格や関節、筋肉の機能となり、神経や細胞に比す機能を持つに至っている。

少子高齢化は現状では「問題」だが、対策がなければ「大問題」だ。問題を解決するから人間であり知恵なのだ。メディアで悲観論をあおる輩は「自分に知恵がなく批判だけでございます」と自ら公言している間抜けな不安扇動者にすぎない。少子高齢化は図示のように**少子化と高齢化の狭間を埋めるロボット産業を多様に開花**させる最高のステージができていることを歓迎しよう。

中国や韓国など実質失業者が多く、日本以上に単純労働者の多い社会では、ロボット導入は難しい。さらに失業者が増え「ロボット打ち壊し運動」が確実に起こる。

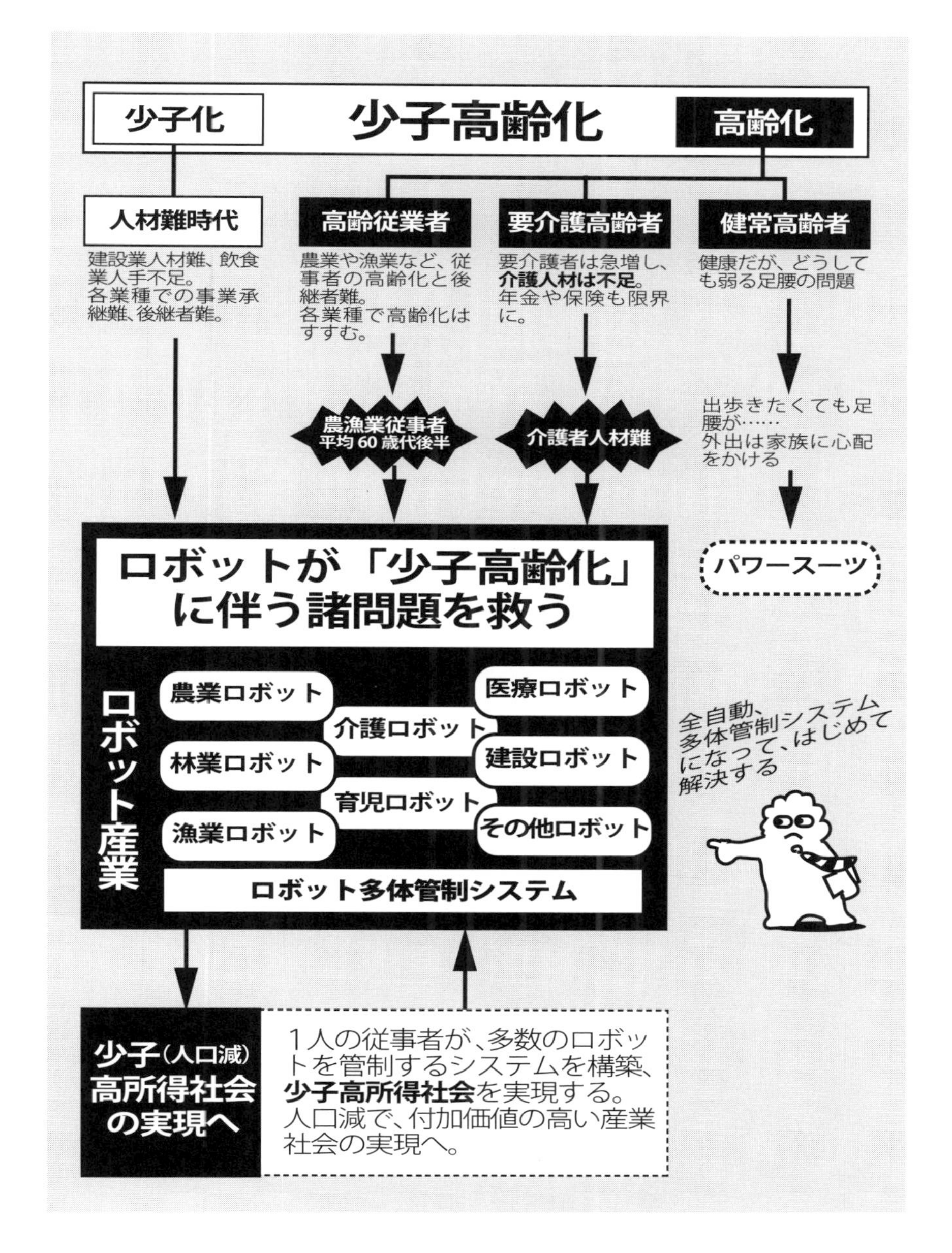

図 1-1. 少子高齢化はロボットが救う

ロボットは、多くの日本の問題が解決に向かう

少子高齢化だけでなく、多くの日本の問題を解決するロボット

図1-1に示したように**少子化と高齢化の狭間を埋めるのがロボット**だ。

本書では、その他産業経済に与えるロボットを考えてみるが、まずはロボットによる本格的な市場創造をするシナリオ、ロードマップを示唆したい。

ロボットは日本の自動車産業をはじめとする多くの工場現場で、過酷な労働を人に代わり、高い精度の仕事を24時間体制で実施し生産性を大きく高めた。

これがまさに重要な点なのだ。大企業にしか導入されていなかったロボットが中小企業にも入り、農漁業や介護などのサービス業、生活などへ導入され、同様に生産性を高め、付加価値を高めると、**世界に珍しい「人口減少下での高所得社会」が開花**する。

ところでソフトバンクが人工知能を持ち、学習機能を持って会話もできる世界初の感情認識パーソナルロボット「ペッパー」を発表している。開発はフランスのアルデバラン・ロボティクスで台湾のホンハイが生産する予定という。

人に寄り添ってペット以上の癒やし効果を持ち、クラウド連携と学習機能（AI・人工知能）が多くの知識を提供してくれたり、高い可能性を見せている。

２０１４年6月に発表、販売は２０１５年2月、価格は19万８０００円と20万円を割った価格でマニアックな人たちのあいだでは今から大評判だ。

また一方、ロボットというにはピンとこない人も多いだろうが、米国のアイロボット社の掃除機「ルンバ」も好評だ。類似品も含めると日本でも多数の競合品が出るほど人気で、掃除機では著名なダイソン社も参入する。

人手をかけず留守の間に障害物を避けながら勝手に部屋のすみずみまで掃除してくれる「ルンバ」は、ある意味の自動ロボットできわめて重要なカギを示している。

もともと洗濯機やジャー釜などの家電商品には、多様に情報処理して対応するマイコンチップが組み込まれてロボットの初期的な機能をもっているのだ。

ソフトバンクの「ペッパー」(上)も、アイロボット社の「ルンバ」(下)も立派なロボット。
「ペッパー」の学習能力は驚くほどのレベルが特色だ。
一方の「ルンバ」は人が介在しないで、勝手に業務が処理される素晴らしい機能が特色。

図 1-2. ペッパーとルンバ

1996年にホンダがアシモを発表して以来、人型ロボット（ヒューマノイド）への過度の期待が増え、なぜかペットのロボットや受付嬢ロボット、さらにはトランペットを鳴らすなど楽器をひいたり、ダンスをするロボットなど人の目をひきつけ、とりあえずイベント用に使える程度のロボットが多々発表された。しかし、そうしたロボットは次々と姿を消していったか、お蔵入りのようだ。

私は人型がダメだと言っているのではない。

人型がいい場合もあるが利用環境と用途別にロードマップを考えるべきで、最重要ポイントは低価格で生産でき、導入現場での人手が大きく減ることが重要だ。

ロボットは人型にこだわるのではなく、人間がする業務を人に変わって淡々とこなしてくれることこそ重要な点だ。

つまり「ルンバ」のようにだ。

第2章では農業ロボットの可能性を示すが、こちらも人型を必要としない。

ルンバの素晴らしさは、人がいなくても業務が進むことだ。そして掃除が終わるかバッテリー残量が少なくなると自走して充電スタンド（ホームベース）に向かい、みずからプラグインして自動充電して次に備える。

■必要な「全自動ロボット」と「ロボット多体管制システム」

ルンバのような家庭用ではピンとこないだろうが、ビジネスで従業員を多数抱えることを考えてみればいい。ロボットを多数所有すると生産性は急上昇する。

溶接ロボットなどを多数導入して生産性を大きく向上させた自動車工場のようにだ。すると、多数の導入が生産性向上に繋がるため、ロボット産業は大隆盛する。

ロボット産業は、日本のように**失業者が少なく少子化で人手不足は最適な環境**なのだ。しかも、日本の多くの若者が単純労働を嫌い、オタク志向はさらにいい条件だ。

生活のために単純労働を必至でやらなければならない国や社会にはロボットの導入は非常に難しい。

ロボット産業の大発展には、結果的に**「全自動ロボット」と「ロボット多体管制システム」**の構築が前提で、以下の条件が必要になるだろう。

- **多体管制**……1人の管理者が複数体、さらに10体、20体と多体管制可能とする。
- **全自動機能**……ロボットは全自動機能に近づけ、人がつきっきりにならないこと。（これについては、第2章で具体的に「農業ロボット」で示す）
- **情報共有**……ネットワークで情報共有する。（結果的に1体の情報を多体で共有活用）
- **学習機能**……学習機能を持ち、問題がある場合にのみ人が対応すること。
- **センター機能**…管制センター機能を持ち、ここに人間が関わる。（本格的な管制センターもあれば、スマホ対応で十分な場合もあるだろう）

本格市場形成には、かなり統合的なイノベーションと市場へ供給する具体的なマーケティングが重要な鍵を握ることになる。

本章の冒頭に、少子高齢化対策にロボットは絶妙なポジションをとれる話をしたが、以下に簡単に列挙するような多業種にわたってロボットが活躍し、さらに周辺市場を活性化させることになる。常識化した産業ロボットや医療ロボットは挙げていない。

1・介護ロボット………少子高齢化社会へ、高齢社会対策へ
2・建設ロボット………労働力不足の解消と移民・定住者問題、トラブルへの対策
3・農業ロボット………食料自給率の問題解決とTPP対策、従事者高齢化対策ほか
4・林業ロボット………死に体となった林業への、ことに間伐対策（当然、主伐にも対応）
5・漁業ロボット………水産業への対策（従事者の高齢化、就業者不足）
6・深海ロボット………エネルギー（メタンハイドレード）やレアメタル、EEZ政策
7・育児ロボット………シングルマザー、ワーキングマザー向け対策
8・事務ロボット………単純業務の事務職などのロボット化（オフィス用途）
9・教育ロボット………暗記型教育（日本型教育）は、かなりがロボット化で対処可能
10・サービスロボット…サービス業へのロボット導入

ロボットは、ここに挙げた分野だけでなく、ロボットと見えないような省人化合理化機器もロボットと同様に進化する。空洞化のすすむ日本の製造業活性化策の徹底にはロボット技術の展開を図るべきだ。現在の技術で十分すぎるほど可能性が高いロボットは多いが、業界の複雑な利害関連や、よくある無意味な政治圧力でとん挫したり、初動のマーケティング展開をしくじると成長戦略にほど遠くなる。
この点は重々、留意して進めることだ。

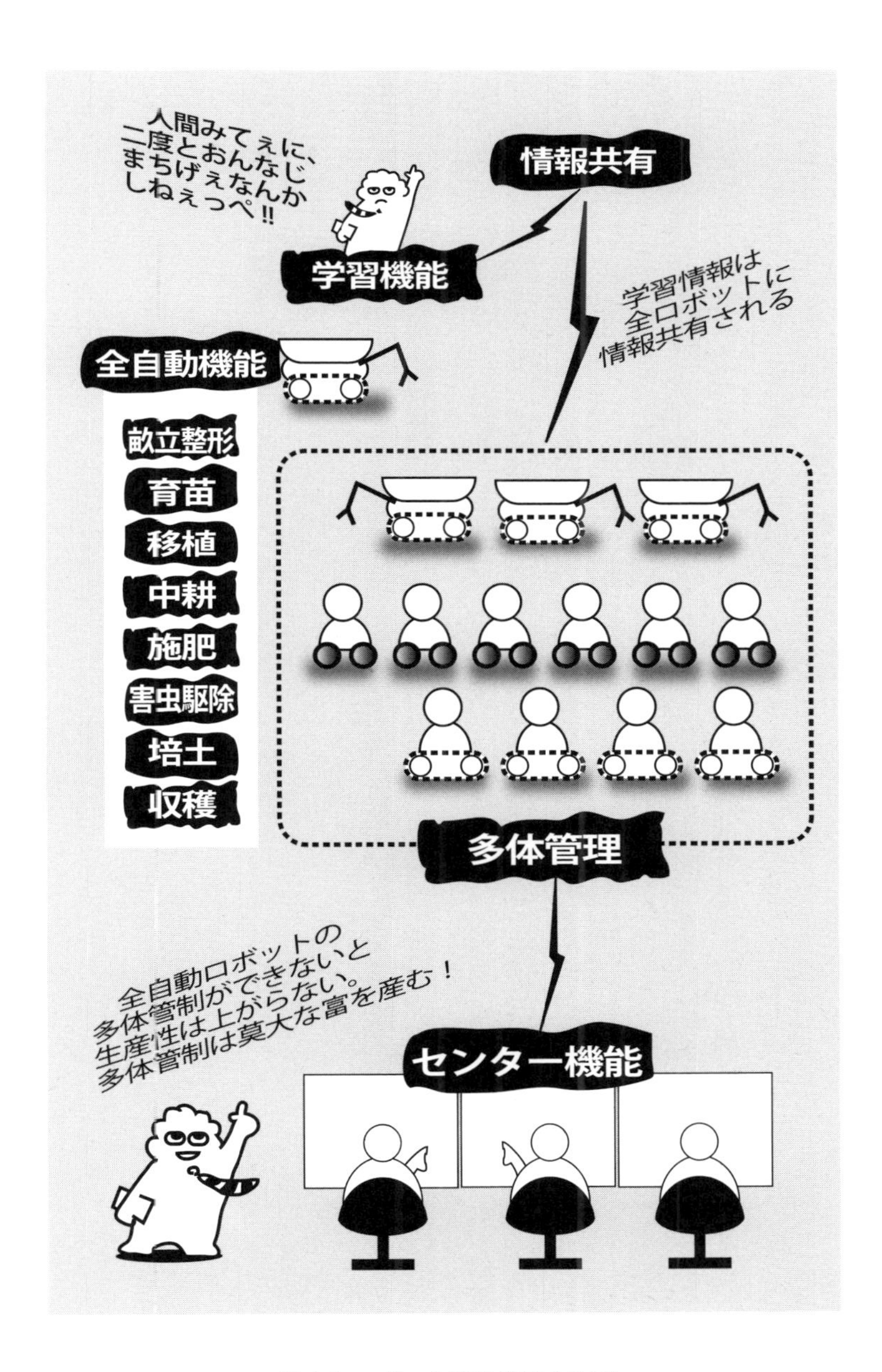

図 1-3. ロボット複合機能全体図

人口減の日本は、ロボットの活躍できる最適環境

人口減だから、ロボットの存在意義が、さらに高まる

「人口減」をなぜ暗い話とするのか？

かつて日本は、人口増を国家的な困難と考え、ハワイにブラジルに、米国カリフォルニアへと明治政府が人口抑制のために移民を推進した時代を忘れたのだろうか。

わずか150年ほど前のことだ。

当時は産業が未発達で、農業など第1次産業従事者が圧倒的に多い時代で、人口増に経済の発展が追いつかない状態が国家的に負担だった時代だ。

人口増が経済の発展と相関する事象、人口増と経済が需要と供給の循環を刺激し、さらに好循環を見せるのは経済発展段階の一時期にみられるが人口増の理由だけではない。

日本の高度成長時代や、それに続いた台湾や韓国も、人口増よりも経済社会の需給バランスがはるかに重要な要因だった。

中国の経済発展を見ればいい。人口増との相関がまったくない好事例だ。

近代的な経済システムが、まったくなかった中国に外国資本が入り、超低賃金労働者を雇用し、輸出産業を大きく育成した結果、高度成長が続き、中国に財が蓄積され、中国人の所得も上昇（異常に偏在してだが）し、国内需要も飛躍的に増えたのだ。

中国の経済成長は、1984年のGDP・3000億ドルから2013年は9兆ドルへと**20年で30**

倍に成長したが人口が30倍になったわけではなく、ほぼ横ばいだ。

人口増と経済成長は無関係で、経済成長と人口増の相関は、必要条件になることは若干あるが、十分条件でもなんでもなく、本質は技術や社会システムの「イノベーション（革新）」が経済成長をもたらすのだ。

■人口増は経済成長にまったく相関しない。イノベーションこそもっとも重要

人口増と経済成長が相関しないのは、中国の成長を見れば明々白々だ。

では、なにが重要なのか。

経済成長に早くから注目した経済学者ヨーゼフ・シュンペーターは「イノベーション」の重要性を説いたが、日本の閉塞感はイノベーションでしか打ち破れない。

我々はいま、そうした局面にいることを忘れてはならない。

英国の女性首相マーガレット・サッチャーも就任当時、閉塞感に覆われた英国の産業、経済からの脱却に際し、シュンペーターの「イノベーション」を信奉していたようだ。

日本では経済学者としては、ジョン・メイナード・ケインズが有名で、日本の戦後の復興とその後の経済成長の土台はケインズ理論で説明できるが、個々の企業の実態はまさにシュンペーター的なイノベーションがあってのことだ。

余談だがケインズとシュンペーターは同じ年（１８８３年）に生まれ、そして資本論で一世風靡したマルクスが没した年だ。経済学者の節目の年といえるかもしれない。

このシュンペーターは、企業家の絶え間ないイノベーションが経済成長を果たすという理論を展開している。

日本をみても、創業経営者がいなくなると前例踏襲と社内官僚化が起こって、停滞、閉塞がはじまる。これをうち破るためには絶え間ないイノベーションが必要だ。

日本の閉塞感は、どうイノベーションすればいいのだろう。

戦後の焼け野原から裸一貫でがんばった多数の創業経営者が、間断ないイノベーションを行ってきた。パナソニックは、最近、厳しい局面もあって売上高は多少減ったが最大9兆円に達した大企業だ。創業者の松下幸之助が1918年（大正7年）に創業して90年たったころに9兆円。不思議な数字のめぐり合わせだが単純計算してみればいい。

彼は、1000億円企業を毎年1社創って90社作った勘定になる驚異的な話だ。

2014年開業50周年をむかえた新幹線。

国鉄の十河総裁と島秀雄技師長のコンビによる構想と実践の徹底はすごい。当時は「自動車と航空機の時代だ！」といわれる大逆風や政治的軋轢のなかでの徹底したイノベーションを行った。

半世紀たった今日、新幹線は世界各国の交通インフラとして大きく注目を浴びている先見性は、すぐれたイノベーションだったことを示している。

ソニーの井深・盛田コンビ、ホンダの本田宗一郎も代表的なイノベーターだろう。

こうした創業者が創業の精神や、先見性、独創性や実行力でひっぱってきた企業も、大きくなると官僚化することをシュンペーターは指摘している。

ソニーにそうなってもらいたくないが、可能性があることを彼は指摘している。それ以上に問題は日本政府であり、前例踏襲型ではイノベーションは難しいが、そこに安倍総理はイノベーションを起こそうとしているわけで苦労は多かろう。

金融・財政論者が跋扈(ばっこ)して国滅ぶ

産業のイノベーションに関連し、一部の知識人はこんなことを言う。

「日本は工業社会から脱していないから経済が停滞する。米国のようにマイクロソフトやグーグルが出てこない。情報立国、金融立国を目指さないと次世代がない」

と、まことしやかな指摘をする輩もいる。まったくどこが「知識人」なのか？

知識人とは名ばかりで知識がロクにないから、お気楽に言えるのだ。

金融やソフトに強くない国家は、経済は立ち直らないなど、とんでもない。

日本の産業社会が遅れているという指摘だが、私はそう思ったことは一度もない。情報立国も金融立国も高度な技術が膨大に集積しているか、利用していることが肝心だ。

日本では金融と財政を語れば天下国家が論じられるような話が、テレビや新聞にやたらと多いが、それは必要条件にはなるが十分条件にはならない。

アベノミクスも、最後の第3の矢が動き出さねば絵に描いた餅になるのだ。

最近の企業には金融系財政系のトップや役員が増え、技術系やマーケティング系が減ってきた印象を感じるのは私だけではないだろう。

企業経営には陳腐化する既存商品の、次の「商品」を生み出すイノベーション系人材と、継続的に顧客の信頼を勝ち得てゆくマーケティング系人材が最重要だが、最近、とくに大企業のトップに双方の現場が見えない人が多くなった気がしてならない。

国も、企業も「金融財政論が跋扈して、国が、企業が滅ぶ」という構図になりすぎてはいないか？

日本が工業社会のトップランナーになったのは、モノづくりの高精細度化の徹底だった。例えば、本格的に小型化したAV機器を作ったのは日本の企業で、テレビ局でしか利用されない大型のビデオカメラやビデオテープもソニーやパナソニックが高精細度化技術でコンパクト化してホームユースにしてきた。

ケータイの小型化、薄型化も日本がリードし、最近はケータイの国産が減ってアップルとサムスンが多くなったが、ケータイやスマホの中身は日本の部品が大半を占める。

アイフォン5では日本製部品は40％もなかったようだがアイフォン6になると大半が日本製部品を使っているらしい。

高精細度が要求されると日本の部品メーカーへの依存が高まるということだ。

情報立国への必須技術、半導体は日本の技術の高精細度化によるところが大きい。

ショックレーはトランジスタを作ったが、トランジスタラジオに実用化したのはソニーであり、シリコンウェハーを超高純度にしたのも日本の技術だ。

こうした技術の上にコンピューターが小型化した。

安定性が絶望的に悪かった液晶を日本企業が電卓や検査機器の小さな表示板に使いながら安定化

させ、使える素材にしていった結果ノートＰＣの画面に使え、液晶モニターにもテレビの大画面にもなった。

こうした背景があって情報産業がある。マイクロソフト、アップルやグーグルも、さらにはフェイスブックも見方によっては日本の製造業の高精細度化によるプラットフォーム（ハード）があって果たせたのだ。

情報産業は高精細度な技術があって成立する。それは、世界中に飛び交う情報をコントロールして取引する金融も同じだ。こうした現実を考えれば、日本の高精細度技術を極めてゆく特殊性を大きく生かす政策を進化、そして深化させることがはるかに重要ではないのか。

シュンペーター的なイノベーションについては、日本では技術主導で果たすことが肝要だが特定分野の技術革新だけでは果たせない時代でもある。

例えば自動車がどれだけ高度になっても道路建設がすすまないと宝の持ち腐れになり、経済発展に繋がらない。ガソリンスタンドなどのエネルギー供給のネットワークがないと発展が困難なことと同様だ。

つまり、ロボット産業も多様な社会システムとの連携がないと困難をともなう。これを間違うと成長戦略も大きく後退するか、破綻するかは必然だ。

明確なビジョンの欠落、目的目標意識の欠落

ロボット産業が開花するチャンスは何度もあった

２０１１年3月11日、午後2時46分。

東日本一帯は大震災と巨大津波に襲われ、１０００年に一度（貞観地震以来１１４２年ぶり）クラスの大規模なものだった。東電福島第一原発が津波で被災し、全電源喪失という未曾有の事故が起き、水素爆発も誘発。チェルノブイリ以上の恐怖を世界に与えた。

福島原発が被災した直後から数日間、高レベル放射能に人間は近づけず、計器なども壊れ内情がわからない危機的状況があった。

そんなおり、心配した一般の人達からホンダには電話やメールがかなり来たらしい。

「アシモは使えないのか?」という質問であり提案だった。

ホンダのヒューマノイド型（人間型）ロボット、アシモの投入を多くの人が考えたのだ。

「あいにくアシモは、そうしたご要望に応えられる機能はありません」

ホンダは丁寧に断ったというが問い合わせ、提案してきた人達の気持ちは極めてスジが通っているといえるだろう。

日本はロボット大国といわれてきた。

80年代から日本企業は過酷な労働現場などへ溶接ロボットを導入し、見事な合理化で生産性を高め、かつ品質を大きく高め、モノづくり日本の黄金時代を築いた。

ところが、福島原発のなかに最初に入ったロボットは、「ルンバ」を製造するアイロボット社の多目的ロボット「パックボット」で、なんと2体を無償提供してくれたのだ。

私はホンダを責めるためにアシモの話をしたのではない。

ホンダは1986年に最初の実験機を発表、本格的な人型ロボットの世界初登場は96年。多くの人達の関心を高め、技術力のある企業は次々ロボット開発に参入したが、日本政府のロボットの位置づけは、なお総花的な技術のひとつだった。

■日本の産業経済も「選択と集中」の時期を迎えている

厳しい局面になると、企業であれば「選択と集中」で突破する。

第2次大戦敗戦後、鉄と石炭の増産を軸とした「傾斜生産方式」が日本経済復興をなしえたと言われるが、戦後の危機的な状況下で、鉄と石炭に集中する「選択と集中」を明確化した戦略として「傾斜生産方式」は大きく評価できるだろう。

しかし、経済成長のなかで民間が力をつけはじめると、総花的な政策になってゆく。

石炭は石油に代わり、重工業から家電や情報機器、自動車などにリーディング産業はシフトしていったが、こうした基本路線は、ほぼ欧米にモデルがあり、日本は欧米のキャッチアップが中心で、加えて高精細度による優位性を確保してきたが今度は違う。

ロボット産業は従来産業から大きく前進し、革命的な要素をもつ産業であり、だからこそ**「21世紀の産業革命」**がうたえるのだ。

欧米にもモデルがない。そしてこの戦略的な推進は一企業だけでは推進できない。

政府内でロボット産業が今後のリーディング産業となることに議論がなかったか、議論しても徹底に欠けていたことを福島原発への対応でも理解できるだろう。

日本の政治家や経産省、より直接的には原子力保安院や東電など電力各社に危機対応の意識が欠落していたことを意味する。

もっとも、まったく無関心、無策だったわけではない。

３・11に先立つ１９９９年９月30日、茨城県東海村でＪＣＯの臨界事故が発生し、２人が被爆して死亡。この事故を受けて経産省は動いた。

30億円を投じて原発事故対策用のロボット開発を目指し、三菱重工、日立、東芝などが参加して２００１年に６台のロボットが完成した。

ロボットを見せられた東電はじめ電力各社は一様に無関心というか無視。

電力各社は「自分たちはＪＣＯとは異なり、何重ものフェールセーフ体制があり、安全は完璧だ」として、万が一の事故対策用のロボットは無視された。

だが、その「万が一」が起きてしまったのだ。

想定外の原発の危機的状況へ、ロボット投入を真剣に命がけで考える人が一人でもいて、人材と開発費を投入していれば、福島原発の被災に際して真剣に立ち向かえただろう。

こうした状況に対して、60年代の米国のアポロ計画の推進を比較したい。

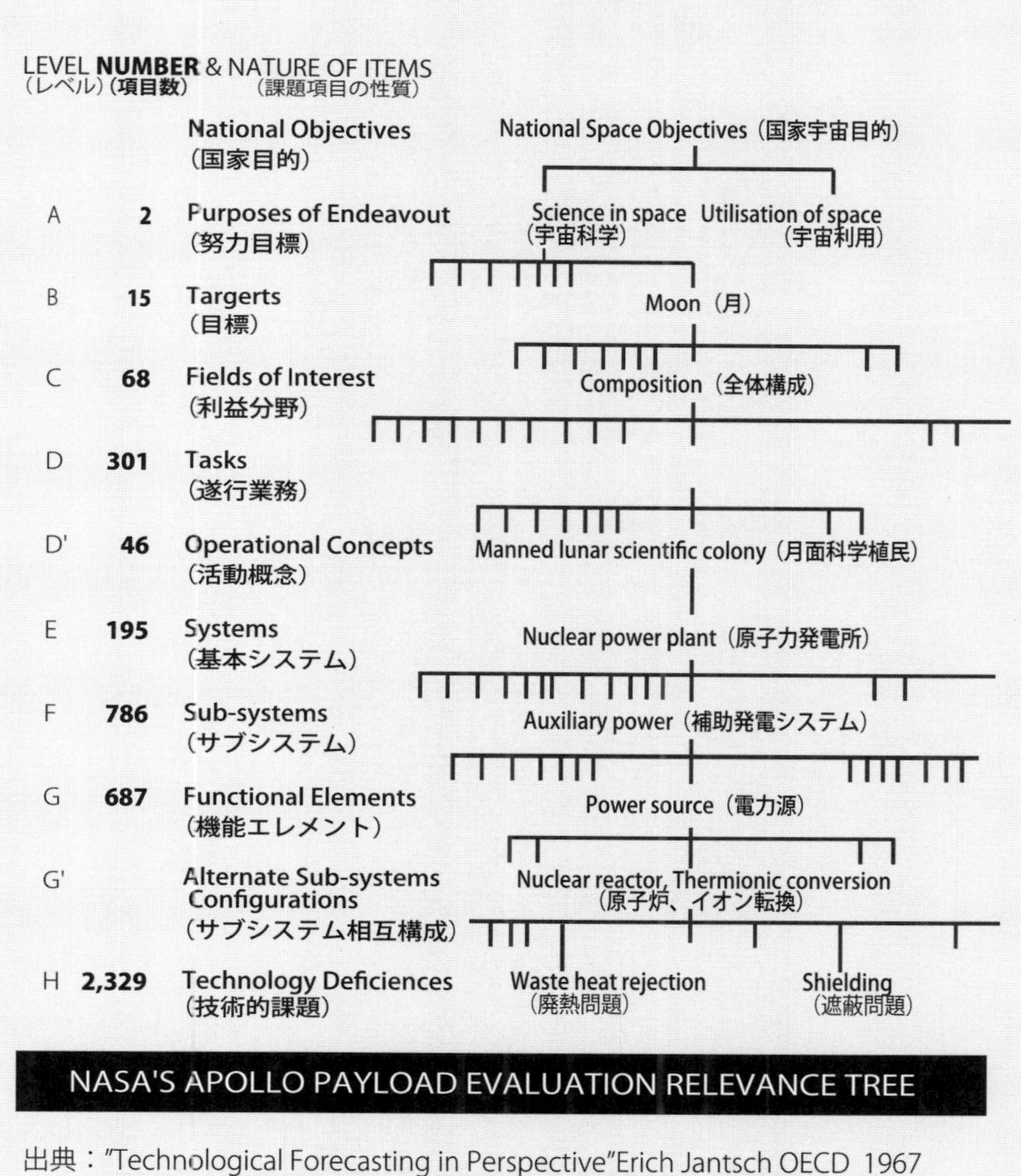

図 1-4. アポロ計画の全体像

政府の、企業のトップが掲げるビジョンの重要性……

トップがビジョンを掲げ、スタッフが推進シナリオを描く、車の両輪の重要性

ケネディ大統領の上下両院合同議会での歴史的な演説（1961年5月25日）がある。

この演説は数世紀後も、いや永遠に人類史に残るのではないか。

「私は信ずる。この国がこの10年（60年代）内に『人間を月に着陸させ、地球に無事帰還させる』という目標達成することを言明すべきと」

（I believe that this nation should commit itself to achieving the goal, before this decade is out, of landing a man on the moon and returning him safely to the earth）

こうしてアポロ計画は始動する。

ケネディ演説当時、米国の宇宙開発技術の水準は弾道ミサイルの先端に狭いコックピットをつけて有人弾道飛行ができる程度で、まだ地球を周回した実績はない。

一方のソ連は「地球は青かった！」と言ったユーリ・ガガーリンを乗せたボストーク1号が地球を周回する史上初の有人宇宙飛行（61年4月12日）に成功しており、対する米国は宇宙開発技術でソ連にかなり遅れているとみられていた。

だがケネディ演説のわずか8年と2ヵ月後の69年7月、月に着陸して帰還した。

ケネディ演説は国民に明確なビジョンと目標を与えたのだ。

そしてNASAはじつに周到な計画を作り上げる。具体的には米国企業、もちろん日本の一部の企業

も参画し、具体的な技術を改良に改良を加えて提供した。

図1－4はアポロ計画の基本的な関連図で、目的達成のためのプロジェクト相関が階層的に明確に表現されている。「Technological Forecasting in Perspective（技術予測の展望）」（67年ＯＥＣＤ）エリッヒ・ヤンツを中心にまとめたものだ。

宇宙への国家目的を遂行するなかで月への目標達成に、どんなプロジェクトを実現しなければならず、その具体化には明確に対応する仕組みが必要で最終的には既存技術の徹底改良をどうするか、と全体を俯瞰して冷徹に表現している。


目的目標が明確で、手段を徹底周到して実践すれば10年内に月にすらいけるのだ。


福島の原発事故への対応を見れば、日本政府、経産省や東電は見事なまでにアポロ計画の真逆をやったということだ。

事故後に東電に怒鳴り込んだ、歴史に残る日本最悪総理のオマケもついた。

しかし、やっと芽が出てきた。安倍総理は見事なビジョンを掲げた。

問題はＮＡＳＡに匹敵する組織はない。しかも、ロボット産業はＮＡＳＡ並みの官主導はありえず、民間企業が推進するためシナリオは百花繚乱で、机上の空論で終わる危険性は十分にある。

シナリオには企業のイノベーションも含まれ、ある意味でＮＡＳＡ以上に難しい要素もあるが、技術的な問題、ことに要素技術の集積が膨大な状況もあり期待がもたれるものの、政府の政策が空回りする可能性も高い。

21世紀の産業構造の見方、富はどう創出されるか

情報産業やロボット産業は、どんな時代の構造のなかでとらえるか

ロボット産業や情報産業の時代を、どう見るか歴史的な背景も押さえてみよう。

社会学者達は先史時代から**「農業社会」「工業社会」「情報社会」**と時代観を説く。

「農業社会」は、農耕革命（トフラーのいう第1の波）で人類は農耕技術を手にする。狩猟時代から農耕時代に突入したことは**『食』という当時最大の富を再生産可能**にする技術開発に成功したということだ。現在のトルコ、シリア国境周辺には約1万年前のライムギなどの農耕跡も発見されている。保存でき再生産できる富そのものだった。種を蒔き、小麦や米作などの多様な**穀物の再生産技術**が確立し世界に拡大する。

次の**「工業社会」**は、英国の産業革命（18世紀半ば）から始まった。

当時の欧州大陸は戦乱にあけくれて、武器需要と共に軍服など衣類需要は多く、島国で国内に戦乱が及ばないラッキーな英国は一大供給基地だった。また、世界中の植民地から膨大に収穫、いや収奪した綿花などを織布に生産して供給できる位置にいた。

ケイが飛び杼を発明（1733年）して織機が高速化し、アークライトが従来の紡績機を改良した水力紡績機を発明（1771年）するが、当時は川辺に立地して水力で動く機械だった。蒸気機関が普及をはじめ、ジェームス・ワットが高効率の蒸気機関を発明（1785年）。カートライトはその蒸気機関で力織機を発明（1785年）し、川沿いしか立地できなかった工場は立地が自由になり、さらに各地で建設がすすんだ。

蒸気機関は鉄道や蒸気船を生み、交通革命へ進展、鉄鋼業も大きく進化を始める。

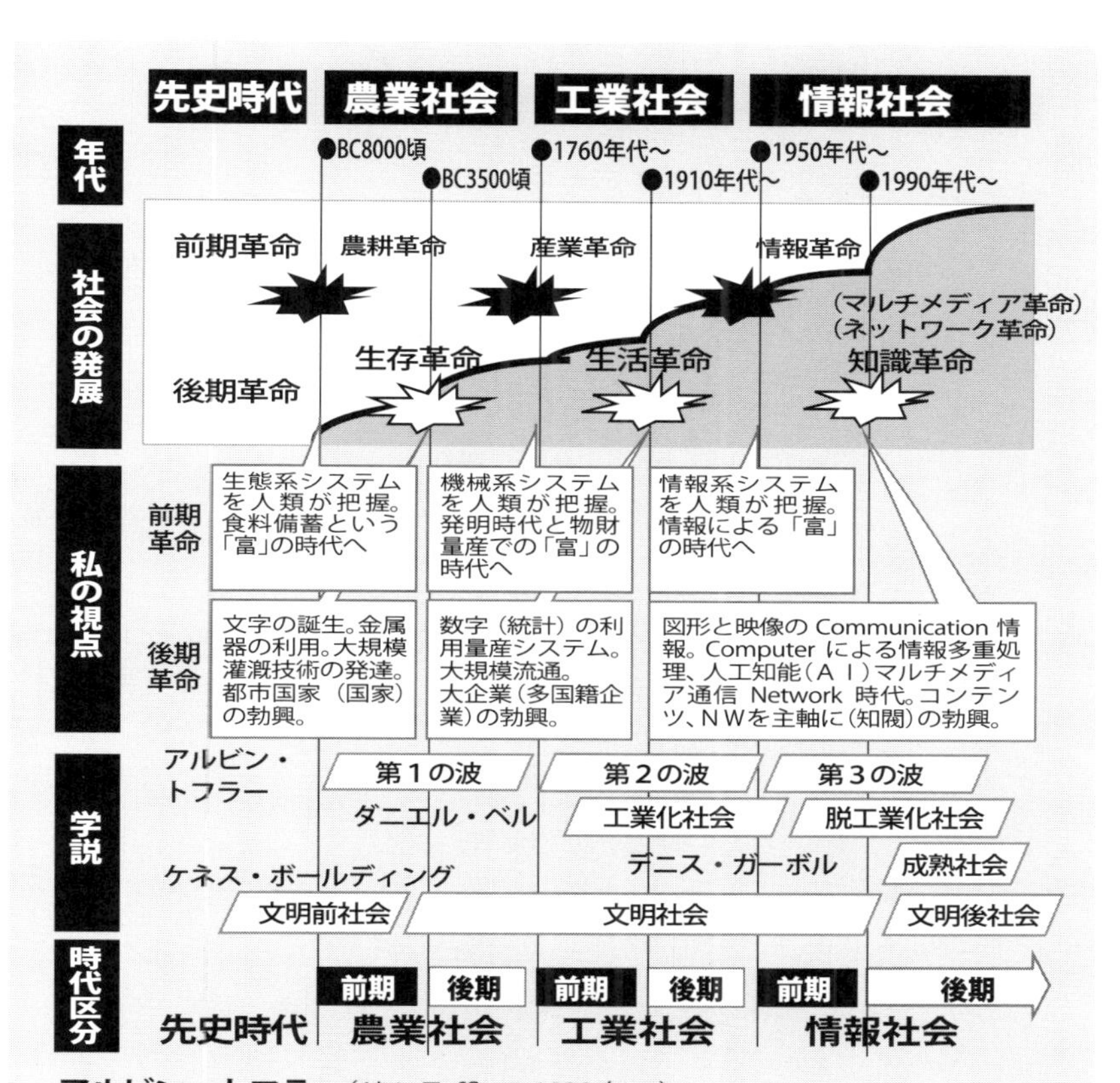

アルビン・トフラー(Alvin Toffler・1928年〜)
米国の評論家、未来学者。妻のハイジとの二人三脚での活動で著名、ともにアメリカ国防大学教授。著作には『第三の波』『未来の衝撃』など多数。

ダニエル・ベル(Daniel Bell,・1919年〜2011年)
物財の生産からサービス(情報サービスも含む)に産業の重心がシフトし専門・技術・高度な知識の「知識階級」が増える社会『脱工業化社会』『ポスト工業社会』を提唱。

デニス・ガーボル Gábor Dénes・1900年〜1979年)
ハンガリー系英国人ホログラフィーの発明が著名。ノーベル物理学賞受賞(1971年)。
物財が成長しなくても経済成長する社会を『成熟社会』と提言した。

ケネス・E・ボールディング (Kenneth Ewart Boulding (1910年〜1993年)
イギリス出身のアメリカの経済学者。

林雄二郎(1916年〜2011年)…**情報社会の命名者**(著作『情報化社会』が著名)
経済企画庁官僚時代、情報化社会を示唆、『情報化社会』(1997年・講談社)が次世代への警鐘となり世界的に『情報社会・Information society』が定着。

図1-5. 情報社会の構図(出典:高橋憲行監修「企画塾テキスト」1992年)

一気に時代を近づけると、現在は**「情報社会」**といわれる。

この情報社会がいつ始まったか諸説乱立するが、歴史の渦中はそうしたものだ。

パソコン（ＰＣ）が普及をはじめた１９８０年代頃からという説も多いが、未来学者のアルビン・トフラーは50年前後からを指摘している。私もそれが妥当と考える。

45年ごろフォン・ノイマンがコンピューター理論を確立し、第1世代のコンピューター「エニアック」が稼働する。同じころウィリアム・ショックレーらは半導体の研究を進め50年には『Electrons and Holes in Semiconductors（半導体における電子と正孔）』を出版し、トランジスタ、半導体研究が加速する。

人工知能（ＡＩ）を主題にダートマス会議も56年に初開催された。

50年代には大型コンピューターが次々と政府や研究機関、大企業に導入され始め、58年にはテキサス・インスツルメントが半導体を進化させたＩＣ（集積回路）を発表する。

60年代にはコンピューターにディスプレイもつき、日本語ではカナ利用も進む。事務用の卓上計算機が日本で開発され、電卓は急速に小型化する。70年代にコンピューターはキット化されてPCに近づき、日本では79年、ＮＥＣがPC-８００1をデビューさせてPC時代が開花。前後して78年には東芝から森健一らによる初のワープロ「ＪW-10」が発表。以後90年代前半までワープロ専用機が大市場を形成した。

コンピューターは当初、ハードとソフトは合体していたが75年、ビル・ゲイツとポール・アレンはソフト分離のマイクロソフト社を設立。同じころスティーブ・ジョブズがアップルコンピュータ社を設立（76年）し、70年代後半から80年代になると日米欧でＰＣ時代となったが一般の手に届くにはなお時間がかかった。

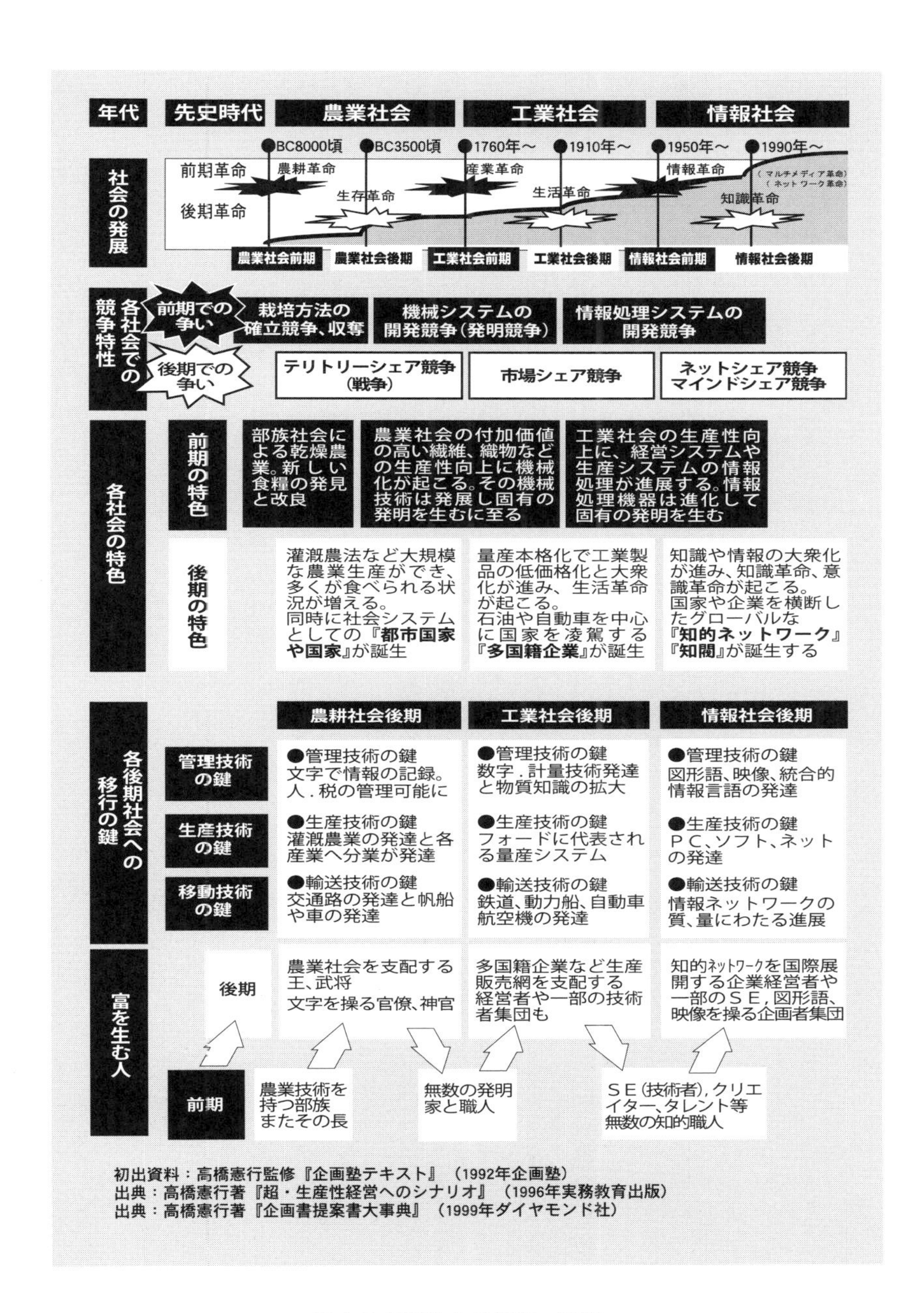

図 1-6. 情報社会の構図・後期へ

各社会を産業史観でみた「前期」と「後期」の違い

前期は「技術開発」、後期は「大衆化、量産化」が特色

人類史上、一気にさまざまな出来事が起こるビッグバンのような時期がある。さきに述べた**「農業社会」「工業社会」「情報社会」**などはまさにそうだ。

ただしその根幹を流れるのは文明史観や政治史観、さらに宗教観なども加わるが、より重要なものとして私は、産業史観にフォーカスしたい。

その視点から各社会を見ると実に大きく変化する局面があり**『前期』**と**『後期』**に分けて考えたい。

各社会は産業史的に前期、後期であまりに構造が異なるからだ。

「農業社会」「工業社会」「情報社会」の勃興期については先に述べたが、それは「前期」特性についてだ。

各社会はその半ばで、とてつもない大変化を遂げるが、それを「後期」と位置づける。前期が**「農耕革命」「産業革命」「情報革命」**と呼ぶのであれば、後期は**「生存革命」「生活革命」「知識革命」**とでも呼べるだろう。

この後期のビッグバンを見てみよう。

農業社会の中間地点、後期への特色は**「金属器」「文字」「灌漑システム」**などが、同時期に完成度を高める。**「文明の勃興」**とも言い、都市国家レベルだが**「国家」**という社会システムも登場し、王や王に従う武将たち、官僚も歴史に登場してくる。

人類は**「食の備蓄」という「富」**を手にした後、生産性向上を徹底追及したのだ。

農業社会の生産性向上は結果的に灌漑農業にたどりつく。従来の焼き畑農業を数十倍～数百倍に生産性を高めただろう。この生産性の高さと食料増産能力の結果、膨大な数の人間を支配下に（食わせることが）でき、それは労働力（大半は奴隷）として動員できる。さらにトップに君臨する一群の王族は余りある金銀財宝をも手にしたのだ。

こうした変化は小企業がヒット商品で一気に上場し、大企業への変化とも似る。

当然、治水や大規模な土木工事が必要だ。ブルトーザーもユンボもない時代では部族単位の人手では足りるはずもなく、労働力は膨大に必要となる。

労働力があっても、膨大な面積の灌漑農地整備には強力な道具が不可欠だ。氾濫する河川との闘いがあり、そこに**「石器から鋭利な金属器」**へと技術の大革新が起こる。

労働力、すなわち大量の人間が集まれば、統制を乱す者や犯罪者も出る。部族単位では相互監視がゆきとどくが数万単位の規模になるとそれはムリだ。こうして管理機能が必要となり、記録機能、契約機能、古代ならではの官僚機構、法体系や警察機能も進む。ハムラビ法典の「目には目を…」の体系ができるのも必然だろう。

さらに、原始的な税体系の管理機能や人の識別機能が必要だ。

こうして「文字」が登場し、利用を促したのだろう。

文字とは本来、紫式部やシェークスピア、ヘミングウェイ、そして村上春樹が『ノルウェーの森』を著すために登場したのではなく、まず**「識別記号」**として登場したのだ。

農業社会の半ばで起こった前期から後期へのビッグバンを観察すると、前期の特色は農耕革命として、まずは食料の再生産と食の備蓄だ。すると生産性をさらに高める工夫をするのが人間的行為で、この成功へのシナリオができると一気に後期に突入した。

大量の食糧（富）の生産と結果的に、富に集まる労働力の確保で**「富の再生産」**を可能にしていった。その統合的なシステムが「金属器」「文字」「灌漑システム」の3点セット、さらに経営システムとしての「国家、王と武将と官僚」を確立したことだろう。

各社会の変遷を詳説したいが、あまりに紙面が少ないため先を急ごう。

この農業社会における**「金属器」「文字」「灌漑システム」**の3点セットと**「国家」**に該当するものは、工業社会では何だろう。

工業社会では、断言すると**「機械」「数字（統計）」「生産システム」**が3点セットとなり、国家は**「多国籍企業」**と酷似する。

18世紀の英国で始まった工業社会は、19世紀末から20世紀にかけて米国で本格化し、『後期』に突入した。工業社会の『前期』とは職人と発明家の時代であり、彼ら自身の腕で機械を、工業製品を創る『発明時代』であり『開発時代』だった。

職人技、発明家による主に繊維紡織関係の機械類の需要が増すのは、『富の増殖』そのものだ。工業社会は、機械が製品を量産し、さらに価値を高める状況ができた。

一方で機械、工場は資本家のもので労働者の地位は低い。

マルクスが登場して『資本論』を著し資本家と労働者の階級闘争も生まれる。

しかし、機械は生産性を高め『富の増殖』が可能になると需要はさらに高まり、生産性向上は、やがて機械自体をも生産する。その典型は自動車だ。

生産方法（生産性向上）はさらに本格化の道を模索しはじめる。

この時代の申し子はヘンリー・フォードだ。

１９０３年にフォード社を設立、量産の研究をはじめた。世に名高い「T型フォード」が１９０８年、流れ作業によって大量生産による最初の自動車となり、翌09年には年産１万８０００台もの量産に成功。ベルトコンベア方式は13年から稼働して年間25万台となり、20年にはなんと年間１００万台に達した。

工場生産のシステム化と部品の標準化はフォードにとどまらない。フォードに遅れること5年でGM（ゼネラルモーターズ）も自動車の量産を開始し、フォードを猛追する。

あの発明家トーマス・エジソンのGE（ゼネラル・エレクトリック社）の生産体制も本格量産化していった。（GEはエジソンの実験室設立が起源で１８９２年に誕生）

こうして生産された膨大な商品、工業製品は世界に拡大し、その生産物を軸に国家を超える巨大な多国籍企業は米国を中心に続々と出現していった。

大量生産大量消費社会、つまり工業社会『後期』へと踏み出し、大資本家しか手にできなかった機械、機器類が、自動車や家電製品などとして大衆のものになった。

日本がその道を本格的にたどるのは戦後の高度成長期になってからのことだった。

「後期」の特色、量産と大衆化への、3つの鍵

情報社会の後期は「情報処理」「図形語・動画」「ネットワーク」が特色

各社会の『富の増殖』は、3点セットと経営システム経営母体によって大変化することを、私見だが話してきた。

農業社会の「金属器」「文字」「灌漑システム」の3点セットと、「国家」の存在。

工業社会の「機械」「数字（統計）」「生産システム」と「多国籍企業」。

すると、情報社会の後期での『富の増殖』の3点セットと経営母体はなんだろう。

それに該当するのは、恐れず私見を述べると **「情報処理（PC等）」「図形語・動画」「通信ネットワーク」**、そして情報社会を支配する **『知的ネットワーク』** となる。

多国籍企業は『財閥』を形成するが、似た表現をすれば **『知閥』** とでもいえよう。

「金属器」「機械」「情報処理」はそれぞれ農産物の、物財生産の、情報生産の生産性をあげる核となる技術の所産だ。

「文字」「数学（統計）」「図形語・動画」は、それぞれの富の管理に関連する道具で、理解促進や複雑な現代では、その「見える化などの言語系」の技術だ。

「灌漑システム」「生産システム」「情報処理システム＆ネットワーク」は、それぞれ農業の、工業の、情報の拡大再生産のシステムということだ。

■情報社会の集大成『ロボット産業』

情報社会の『前期』に関して38ページに述べたが、日本で「情報化社会」が叫ばれ始めたのは高度成長時代が本格化した1960年代の後半だ。典型的には『情報化社会』（東工大教授・林雄二郎著・69年・講談社）の書が挙げられよう。

日本では戦後の混乱も収まり、未来が展望されるなか「高度技術社会」「高感度社会」「高度通信社会」などと名前が乱舞、標榜されたが実態が見えたわけではなかった。

だが70年代になって、マイクロソフトやアップルが誕生し、日本でもＮＥＣをはじめ各社からＰＣが続々登場。90年代に入って「マルチメディア社会」、94年以降はインターネットの商用化がはじまり「インターネット社会」といわれはじめた。

パソコンを誰でも使って、ネット世界に繋がる時代が現実化した。つまり、大衆化が始まり、『後期』的な特性を見られ、その実像が見え始めてきたのだ。

前の社会の単なる機器類に、80年代ごろから情報処理機能が続々と入り始めた。

エアコンやテレビには多くの情報処理機能が入り、ジャー釜にも「はじめチョロチョロなかパッパ、最後に追い炊き」というお婆さんの知恵もしっかりインプットされ、スイッチさえ入れれば、見事に美味しいご飯が食卓に出るようになった。

もはや身の回りのほとんどの機器には情報処理技術が入ってきたが、その集大成の局面がロボットそのものなのだ。

これについては「ロボット、ロボット産業の位置づけ」（60ページ以降）に述べよう。

21世紀……産業構造はどうなる……3次元産業分類という考え方

産業は線型ではなく、構造的に変化している

ロボット産業の前に少し産業構造を考えたい。

経済社会の発展につれて第1次から第2次、第3次へと産業従事者数が多くなるという古典的な産業分類を、日本では長らく真剣に、しかも国家的に使っていた。

ところが産業構造が大きく変化し、3次産業が70％近くになると使わなくなった。その間、産業の線型発展理論を便宜的に使う人が多く、たとえばファッション産業や情報産業に対して4次産業とか5次産業と称した学者や評論家もいた。
1、2、3と発展した次は4、5、6、という単純発想で本質は見えるのだろうか？
最近聞かれないと思っていたら農業など一次産業が直販までをも行うのは「1＋2＋3＝6」というわけで6次産業などと奇妙なネーミングをしているケースもある。

ま、ネーミングだけなら罪はない。

産業構造は、そんなに簡単な段階的発展をしているわけではない。

産業分類について京都府委託事業『ハイタッチ研究所構想』（1983年）のなかで、私の提唱した3次元産業分類という考え方を紹介してみたい。

高い感性に関わる産業や情報産業が多少とも構造的にわかりやすくなると思うが、ちょっと段階を追って説明してみることにしよう。

この産業分類のなかでロボットがどう位置づくか、少し全体を説明しながら後にロボットにフォーカスする。

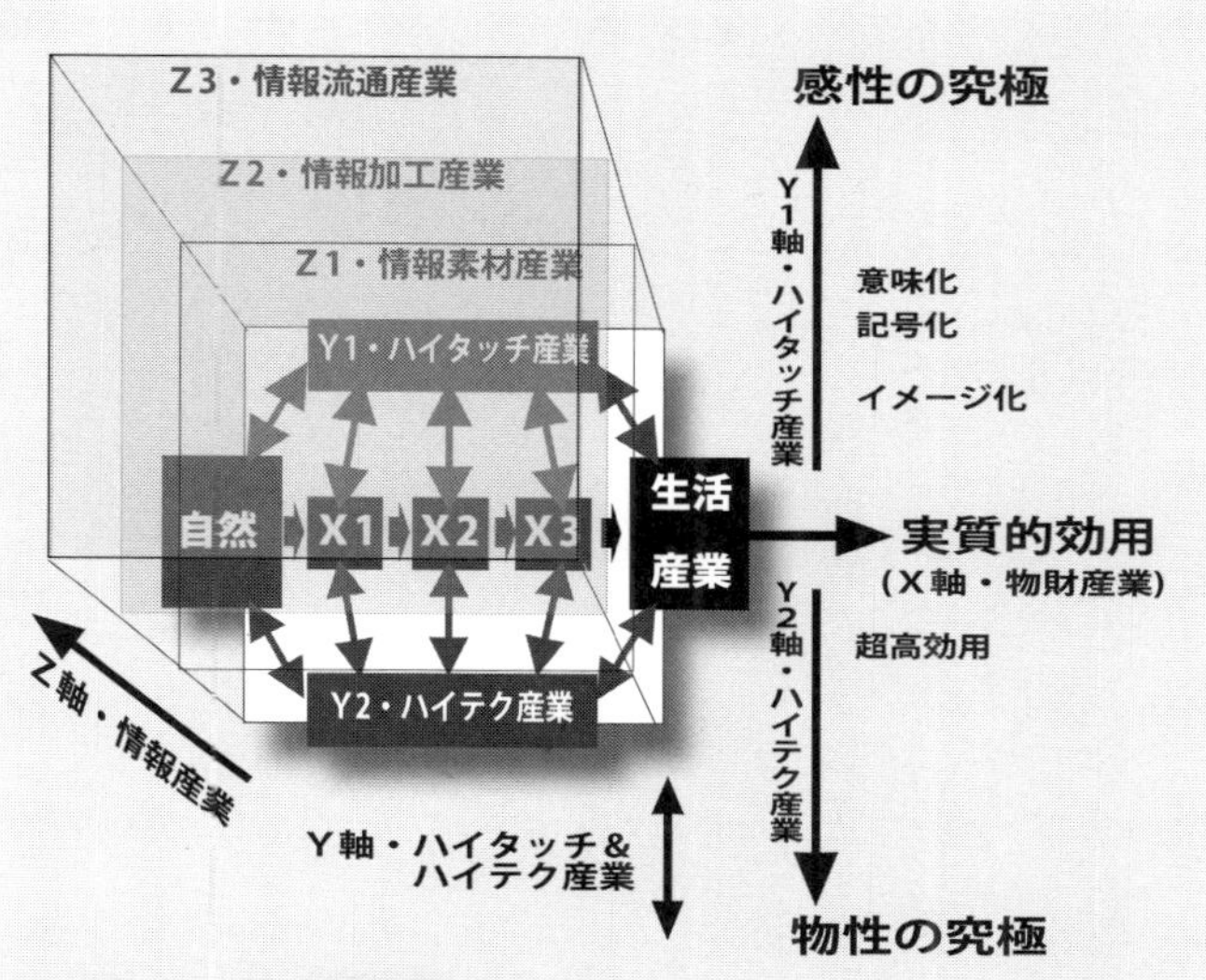

X軸……物財産業
Y軸……価値産業…Y１…ハイタッチ産業
　　　　　　　　　Y２…ハイテク産業
Z軸……情報産業

出典：高橋憲行著『時代の構造が見える企画書』（1984年実務教育出版社）
出典：高橋憲行著『企画書提案書大事典』（1999年ダイヤモンド社）

従来の産業分類

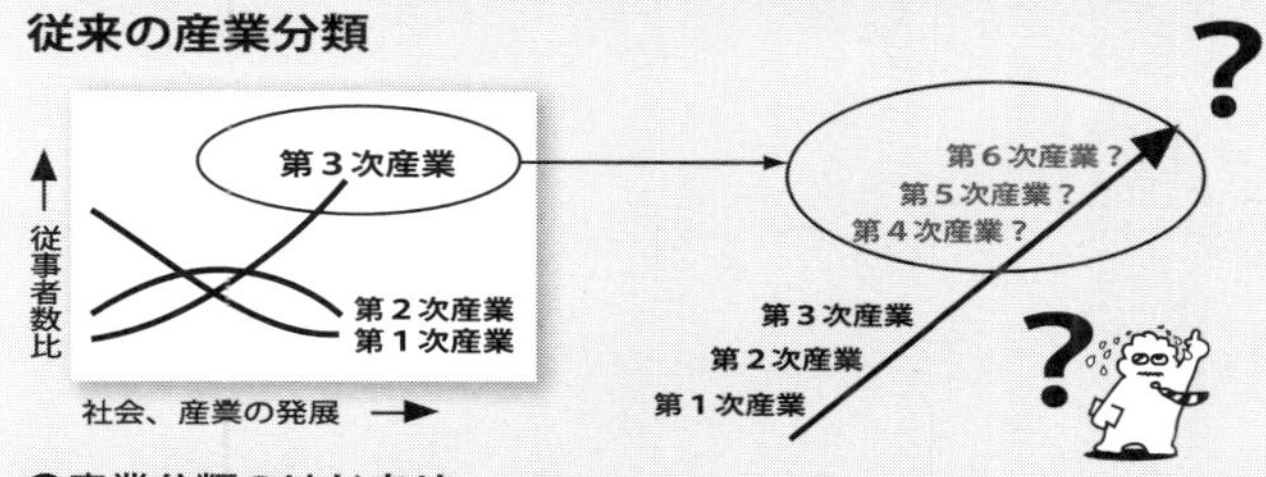

●産業分類のはじまり

産業の発展段階説は第１～３次産業、つまり農林漁業や鉱業、生産加工業、流通小売業と、あらかた分類できる産業分類がポピュラーだ。

この第１～３次（Primary Industry, Secondary Industry, Tertiary Industry）というポピュラーな名称は、ニュージーランドのフィシャーによるものだ。

しかし概念そのものは古く、17世紀のイングランドのペティが『政治算術』のなかで示している。

コーリン・クラークは社会の発展とともに第１次、第２次、第３次と産業の重心がシフトするという発展段階を実証して彼はペティの法則と呼んだ。

さらにクズネッツが肉付けしてクラークの名を冠し、ペティ＝クラークの法則と呼ばれるこのことからペティ＝クラーク＝クズネッツの法則と呼ばれることもある。

図 1-7.3 次元産業分類

■X軸産業（物財産業）の時代

図1‐8のように生活が自然と一体化した時代は自給自足の部族社会で、いわゆる先史時代だ。今でもアマゾンや西イリアンの奥地に、そうした生活、社会も見られる。

農業が食糧の備蓄を始め、さらに大規模化して灌漑農業が始まる時代になり、国家が誕生する頃になると、産業は分業化が進みはじめる。

モノ、物財を中心とした自然から採集や略奪しての生産・加工・流通の産業分類は、この時代からはじまったのだ。

この純然たる物資の流れをX軸として位置づけてみる。

社会の発展とともに第1次、第2次、第3次と産業の重心がシフトするペティ＝クラーク流の産業分類は、そのまま**X1産業、X2産業、X3産業と表現**する。

国家が誕生した時代から産業革命を経て工業社会が本格化するまで、ほとんどの産業従事者がX1産業に集中する時代が続いた。

日本でX1従事者、すなわち第1次産業従事者が50％を割ったのは戦後（1950年国勢調査では48・5％）になってのことで現在では5％にも満たない。

60年代前半頃までの日本はX軸だけを意識していればよく、メーカーは品質向上と生産性向上を念頭に努力し、販売会社はメーカーからの商品をひたすら売っては富を築いたのだ。

およそペティ＝クラーク流の、クズネッツの理論どおりに展開した。

しかし、第３次産業が70％前後にもなると、なんでもサービス業となってしまう。

これを多少、明確にしないと産業構造も未来が見えにくくなるが、70年代になるとデザインや感覚訴求された新商品、新事業が次々開花する時代を迎え、ファッション産業、高感度産業とか付加価値産業といった言葉が定義不明に乱舞した。

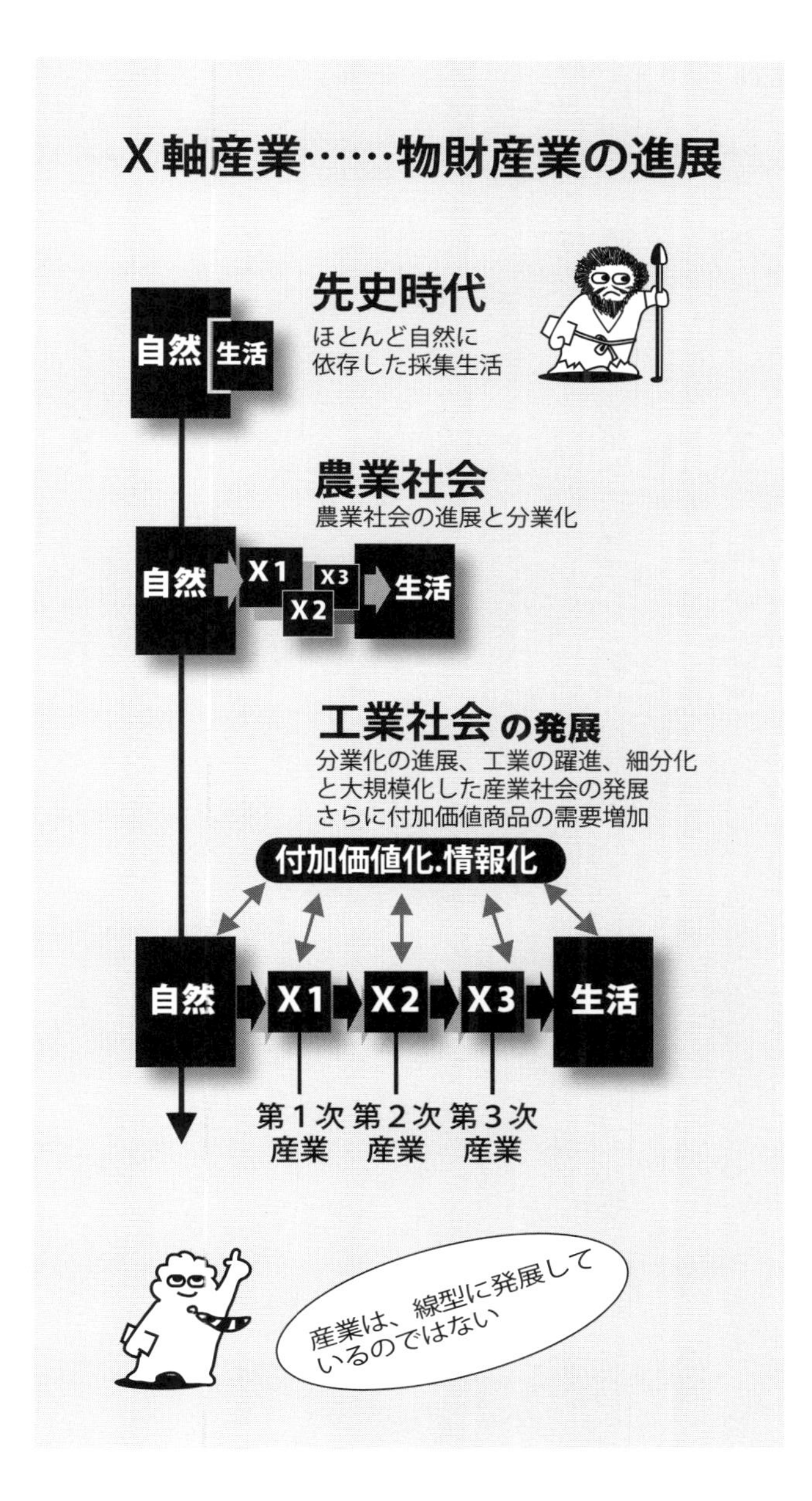

図 1-8.X 軸産業の発展

X軸産業の成熟、停滞と付加価値型産業(Y軸産業)の発展

物財の付加価値は、まずハイタッチとハイテクによってもたらされる

経済成長と鉄鋼や石油の消費量は、工業社会の前期には比例して上昇する。日本の高度成長時代の初期、つまり工業社会前期は、まさにそうだったが順次、工業製品は精密化し、高精細度化、いわゆるハイテク化がすすむ。

日本は2度にわたる石油危機にも襲われ、その復活のなかで欧米諸国以上に、省エネ型の産業社会を目指し、省エネ化、つまりハイテク化はさらにすすんだ。

機器類のハイテク化の一方でモノがあふれる豊かな時代になり、商品は多様化してファッション産業などが開花。機能重視の家電や道具類もデザイン性が重視されて感覚的に優れたものが次々と現れ、本来の機能以外にも付加価値が重視されるようになった。

こうした動きはX軸という物財産業が、価値を変質させていることを意味する。

感覚的に研ぎ澄まされた付加価値を提供する産業群を**『Y1産業（ハイタッチ産業）』**に、もう一方に技術的に高精細度を果たす**『Y2産業（ハイテク産業）』**と位置づけよう。

80年代、新しい産業が具体化し展望されたとき、ハイテク産業は第2次産業特有のものと解釈され、ファッション産業は繊維産業か、サービス業の特殊な業態と限定する人が多かったが、それはちょっと違う。ハイタッチ、ハイテクは、従来のすべての産業（X軸産業）に付加されるのだ。

工業社会が進展し、社会に大きな影響をもたらす過程で、農業、漁業など第1次産業は、工業化農業

に変貌していった。すなわち農地には牛馬にかわってコンバインやトラクターが入り、漁船は冷凍設備を積み、魚群探知機を積んでハイテク化がすすんだ。

野菜は美しさや美味しさ（ハイタッチ化）で顧客をひきつけ、水耕栽培などバイオ技術によるハイテク化もすすむ。

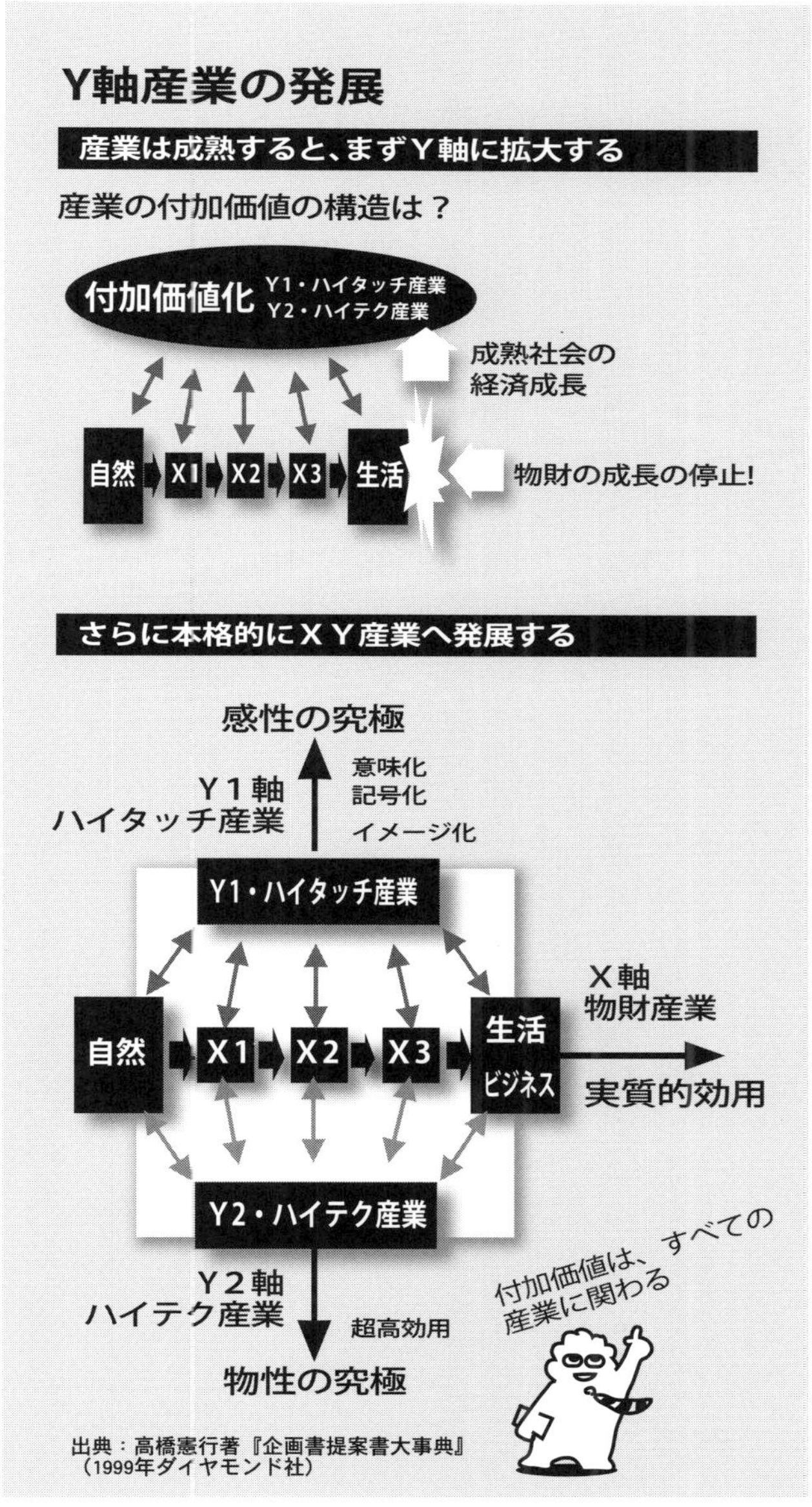

Y軸産業の発展

産業は成熟すると、まずＹ軸に拡大する

産業の付加価値の構造は？

付加価値化
Y1・ハイタッチ産業
Y2・ハイテク産業
成熟社会の
経済成長
自然
X1
X2
X3
生活
物財の成長の停止!

さらに本格的にＸＹ産業へ発展する

感性の究極
Y１軸
ハイタッチ産業
意味化
記号化
イメージ化
Y1・ハイタッチ産業
自然
X1
X2
X3
生活
ビジネス
X軸
物財産業
実質的効用
Y2・ハイテク産業
Y２軸
ハイテク産業
超高効用
物性の究極
付加価値は、すべての
産業に関わる

出典：高橋憲行著『企画書提案書大事典』
（1999年ダイヤモンド社）

図 1-9. ＸＹ産業へ

ハイタッチ、ハイテクとも全産業に密接に関わる

ハイタッチとハイテクは、車の両輪である

ハイタッチ、ハイテクは大半の産業（X軸産業）に新たな変貌と成長を促した。

このことはX軸のXY化、つまり全産業でハイタッチ、ハイテクへの付加価値化が起こっていったのだ。

野菜工場が続々建設されているが、そこには第1次産業の面影はない。その名の通り工場で、スタッフはクリーンルームか研究所のように白衣で勤務する。

無農薬で新鮮、美しい野菜というハイタッチな演出をして、バックヤードはバイオ技術でハイテク武装して生産し、出荷する。

第2次産業の位置づけだった自動車は、70年代は最高速度や加速性能などをうたっていたが、購入の意思決定に女性の意見が多くなると、快適さや楽しさ、一家団欒というハイタッチを前面に打ち出すようになったが、現実はハイテクの塊そのものだ。

第3次産業もハイタッチ化とハイテク化がすすむ。

80年代、アート引越センターが急速に伸びたのは運送業というX軸ビジネスに、徹底した顧客対応のハイタッチ化が加わってY軸化して成長したのだ。ハイテク武装も急進し、宅配便業者は顧客の積み荷の移動場所をリアルタイムで回答する。

■車の両輪、ハイタッチ・ハイテク

ハイタッチの究極は単にイメージや感性にとどまらず意味化、記号化を探求し、人間そのものの研究に向かうだろう。それはハイテクとも融合する。

ハイテクの究極はサイエンスに向かい、物性への飽くなき探求とその具体化だ。

ハイテク社会や管理社会であればあるほどハイタッチ化は本格化する。

誰でもコンビニや銀行でATMを使ったり、さらには自販機で飲料を買っているが、次々と画面が進化するのを感じているだろう。中身はハイテクの塊だがインターフェイスをハイタッチ化しようと日夜研究がすすめられている。

自販機のなかには購入者の顔認識をして、おすすめの商品をプレゼンできる自販機も登場している。

DeNAやグリーがケータイSNSで熾烈な戦いをしているが、双方とも若者をケータイ・ゲームに没頭させハイ（ハイタッチ）な感覚を提供するが、その中身はハイテクの塊だ。ハイタッチはハイテクによって高度に支えられる。

カラオケ好きは多く、ハイタッチな感情に酔い痴れているがハイテクの塊に支えられる。

会社の会議もハイテク機器、プロジェクターを活用し、カラフルなパワーポイントで本格プレゼンして会議参加者の感性に訴求して意思決定を促す。

ハイタッチとハイテクは車の両輪の関係なのだ。

情報産業とロボット産業の融合と産業化へのシナリオ

情報産業にはまだなお誤解が多い。

というより現在、情報産業やロボット産業が錯綜し、見えにくいのは当然だろう。

インターネットが登場し、ネットショップが商品の購入形態を変え、携帯電話はネットと連動して人々のライフスタイルを変え、グーグルがリアルタイムで世界中の情報を検索して入手できる時代にし、YouTubeでさまざまな動画情報が簡単に入手できるようになった。

そして工場では人に代わり、ロボットが導入され、合理化効率化に役立ち、二足歩行のロボットも登場して時代がどこへ向かうのかわかりにくい状況もあるだろう。

ここで少し、乱暴だが「情報産業」と「ロボット産業」を定義してみよう。

一般的には情報産業は情報を、コンテンツを扱う産業と考えられる。たとえば新聞雑誌や出版、テレビなど、なんらかの情報を扱う産業だ。

これはXY産業の上にZ軸として表現すると多少わかりやすいだろう。

■Z軸産業という情報産業

まず情報の特性から考えてみよう。

情報は事実を取り出し、自在に記録し、適切に加工して流通販売するのが情報産業だ。

ねつ造を長らく主業務としている大新聞社があったが、これは論外だ。

情報とは以下のように考えるとわかりやすい。

●自然現象であれば　現象↓観察・記録↓『情報素材』

●人間や企業の活動であれば　行動↓観察・記録↓『情報素材』

という流れでまずは情報素材になる。情報産業は第1次〜第3次産業やハイテク、ハイタッチ産業と異質な産業ではなく、現象や行動の情報化、コンテンツ化がまず基本だ。

自然と情報産業はまったく無関係に見えるが気象庁は自然の気象現象を情報化し、さらに加工して近未来の気象情報（予報）を提供している。

工場で働く人や流通に従事する人は、自分の仕事は情報産業とは無縁と思うだろうが、TV取材が入り、記者やテレビクルーが取材に来て情報提供や取材に協力する。

その結果、取材番組や取材記事はまぎれもない『情報商品』となる。

このことは企業内部に精通したスタッフが自社情報を情報商品にすることも可能なことを意味し、いかなる産業も情報産業化できることを示唆している。

情報産業は従来産業とかけはなれた存在ではなく実に密接だが、それを認識する人は、まだ少ない。

■情報産業の第1次〜第3次産業の位置

情報はＸＹ産業平面から、さらに自然や生活、産業も含めて結果的に情報フィールドになり、そこから素材として収集され、加工される特性を持つ。

情報は加工されてコンテンツとなり付加価値を持つことが多い。つまりは単なる取材対象ではわかりにくいが、その取材情報が編集加工され、価値を高めることはわかるだろう。雑誌情報よりも1冊にまとめた書籍のほうが全体を俯瞰でき、理解が深まることが多い。

コンテンツ産業を中心とした情報産業は、まだなお多くの課題を担うがネットや情報処理などの諸条件が揃ってきており、さらに成長期を迎えるだろう。

ここで情報産業の第1次〜第3次産業の位置を、少し明確にしよう。

また、**プラットフォーム、コンテンツ、ネットワークが情報産業の3分類**という説もあるが、この立体的な構造を見てもらおう。

プラットフォーム、すなわち情報機器（ハード）産業は、ＸＹ産業平面のＹ2に位置づく。コンテンツ、すなわち情報内容産業はＺ軸上にＺ1、Ｚ2が、それぞれ情報素材、情報加工に位置づく。

コンテンツのＺ2は工業社会のメーカーのように情報商品を造り出す情報製造業だ。

ネットワーク、すなわち情報流通産業は世界に向けてコンテンツ、すなわち情報商品を供給する。

この3産業を簡潔に見てロボット産業との類似性と違いをみてみよう。

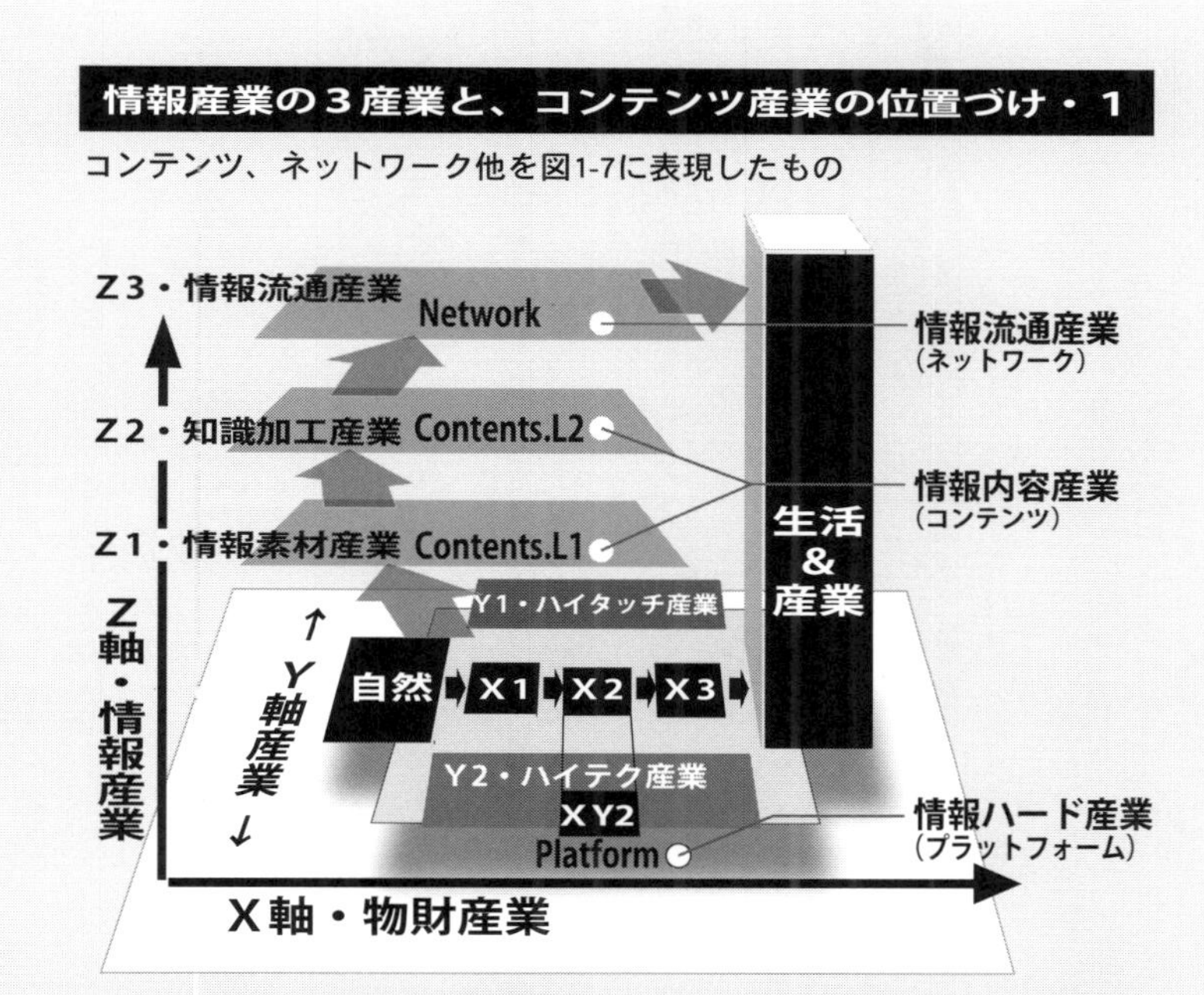

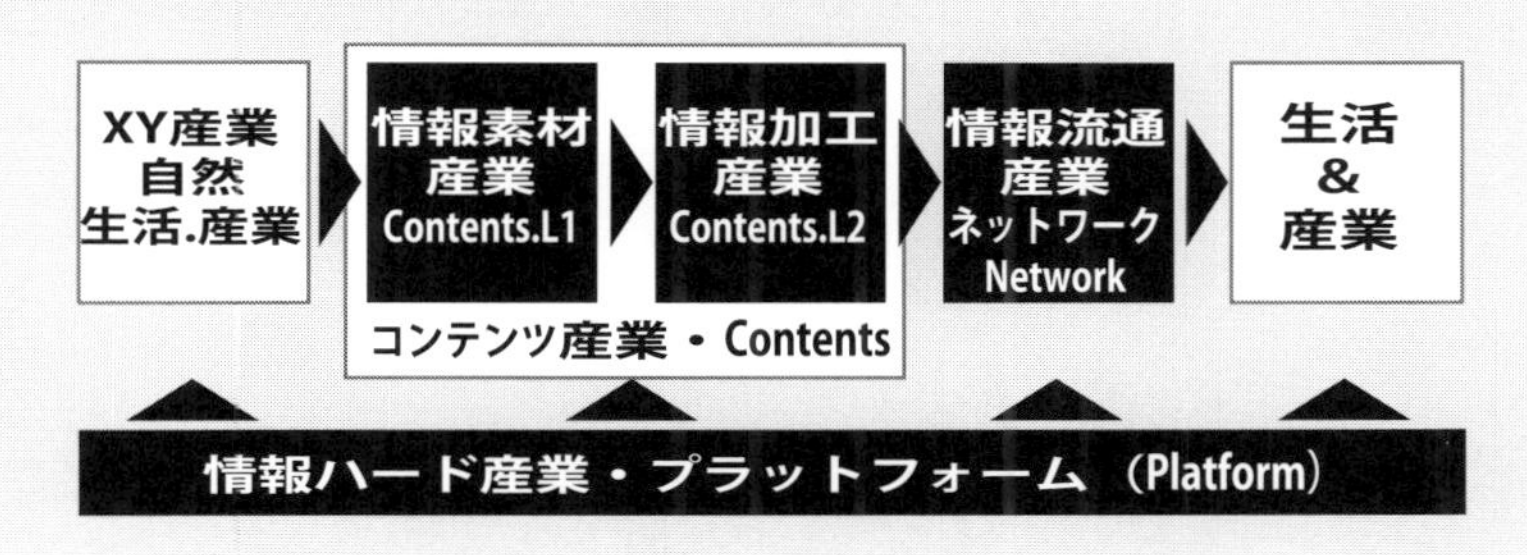

図 1-10. 情報産業と３産業

■情報機器産業（プラットフォーム産業）

プラットフォームは早い話が情報の出入り口にあるハード類のことだ。

東芝、富士通、パナソニック他、日本に多数あるハイテク系セットアップ（組立）メーカーは、コンテンツ産業やネットワーク（キャリア他）産業へ、さらには一般家庭や企業へ、大型コンピューターからケータイ基地局、テレビなどＡＶ機器などを提供し、ＰＣ、ケータイ端末などを提供している。

さらにはセットアップメーカー（組立産業）へ、プリント基板や小型モーター、メモリーや多様な機能のセンサー、さらには電池類や受発信機器、実に細かいコンデンサなど高精細度製品を供給する要素技術に強いメーカーも、日本には無数にある。

■情報産業（コンテンツ産業）

現在の日本で誰でも理解できるコンテンツは、映画やＴＶのニュースやドラマ、さらにはカラオケやゲームソフトだ。かつては任天堂やプレイステーションのマシンと一体だったが、最近はＰＣやケータイからネット経由で入手できる。

ゲーム、アニメ、映画などエンターテインメント系が脚光を浴びやすいが今後、ビジネス・コンテンツやライフ・コンテンツなどは大きく浮上するだろう。

また、ごく普通の企業も巨大なコンテンツ・メーカーに変貌できる可能性がある。

■情報流通産業（ネットワーク産業）

情報産業におけるネットワークは、かつての農業社会や工業社会での第3次産業とほぼ類似しており、情報産業版流通業として位置づけられる。

具体的にはプロバイダーやＮＴＴやａｕ、ソフトバンクなど通信事業がこれにあたる。

楽天やヤフー、フェイスブックやラインなども一見、コンテンツ産業に見えるが、ネット通販の情報や個人の楽しい情報としてのコンテンツをユーザーが供給し、実態はそのフレームを作っているわけで、むしろネットワーク産業に近い性格を帯びる。

3次元産業分類について

3次元産業分類のコンセプトに関する初出資料は京都府委託事業『ハイタッチ研究所構想』（1983年）である。私が受託した事業は当初『ハイタッチ…』ではなかった。ファッション産業や、デザイン性の高い、また京都の高度な工芸なども含めた産業活性化を描く必要があったが、この産業群のくくりが非常に困難だった。その少し前にＪ．ネイスビッツの『メガトレンド』に示された情報社会への10大潮流からハイタッチという用語を拾い、この事業の冠にした。そしてこのハイタッチの位置づけを構造的に把握するなかでこの3次元産業分類が完成した。

ハイタッチ研究所構想は『ハイタッチリサーチパーク』として京阪奈文化学術研究都市の一角に展開した。一般書では、拙著『時代の構造が見える企画書』（1984年実務教育出版）に発表している。

ロボット、ロボット産業の位置づけ

情報処理能力を持ったハードウェアが次々と産業構造を変えてきた

情報産業はXY平面から生まれる現象や事象を、古代は生身の人が語り、文字ができると粘土板や木簡、さらには和紙などへ記録され、さらに新聞雑誌の時代になり紙媒体で、さらには画像や映像などで情報を提供し、最近ではネットを媒体として情報提供する。

情報産業は、コンテンツを中核商品として発信するビジネスだ。
ロボットは、コンテンツを内部で自己完結処理して出力や行動する特色を持つ。

ロボット産業は、プラットフォーム自体が内外の情報、コンテンツを評価判断する情報処理能力を持ち、自ら出力や行動する特性を帯びたマシンを供給するビジネスだ。

さらに加えれば、クラウド上で情報共有してネットワーク経由で情報処理することも可能で、かなり統合的な性格を帯びてゆくのがロボットであり、ロボット産業なのだ。

■銀行やコンビニのATMも初期的だが立派なロボットだ

誰でも毎日のように便利に使っている銀行やコンビニのATM。

あまりに日常的なので、ロボットと思う人はいないだろうが、限りなくロボットに近い。

考えてみればいい。四半世紀前には、銀行から現金を引き出すために銀行の窓口に行き、通帳と署名捺印した払い出し伝票を窓口担当のかわいいお嬢さんに渡し、彼女が手続き処理してくれて現金を受け取っていた。

ATMは、英文の略称だが本来の名称を見ればよくわかる。Automated Teller Machine の略称で、直訳すれば「自動窓口機」とでも訳せる。

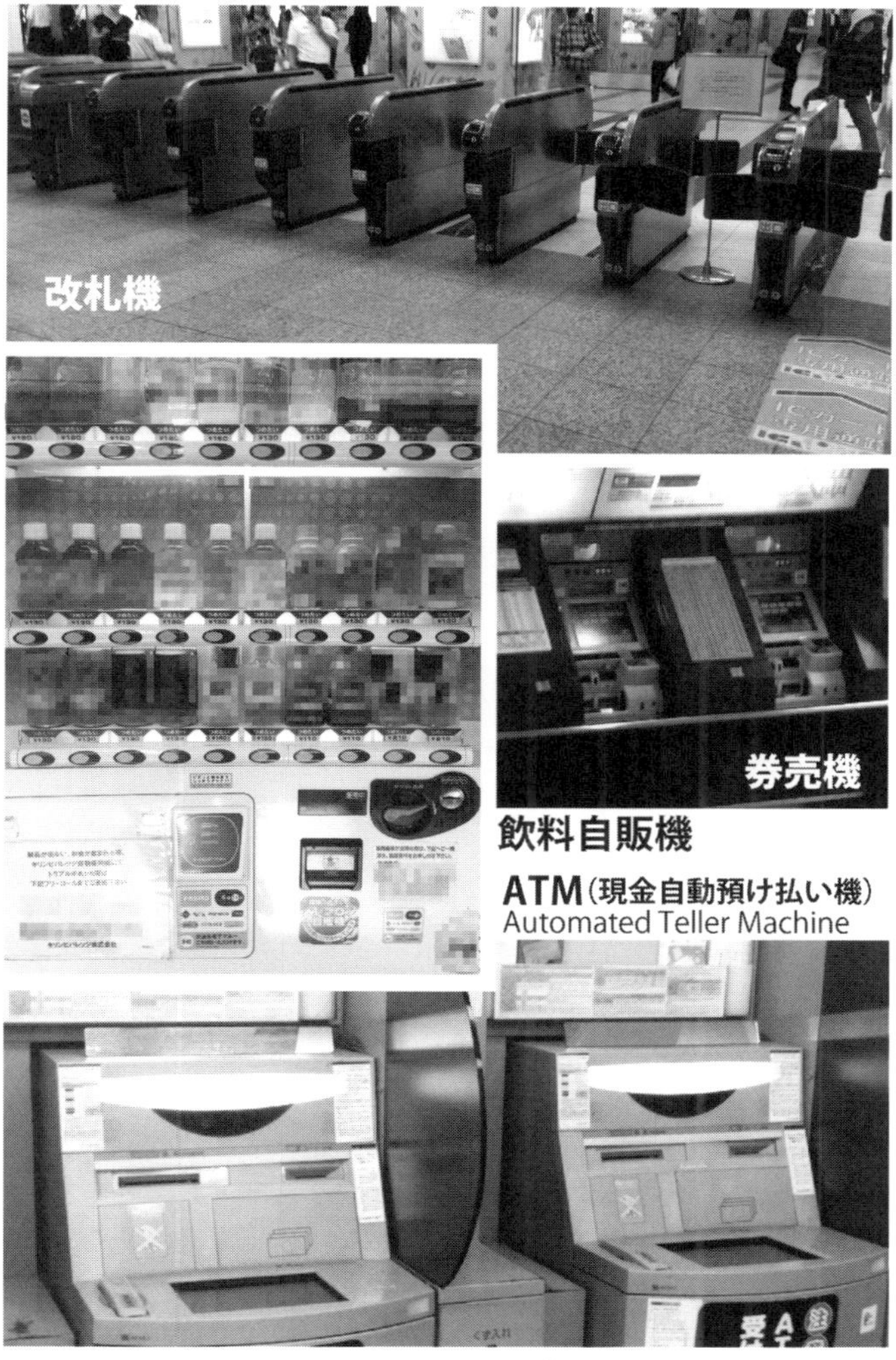

図 1-11. 改札機や ATM など

英語でテラー（Teller）とは主に金融機関用語では金銭出納係の意味で、窓口で接客してくれるお嬢さんのことだ。

日本でも窓口嬢とか受付係と言わずに「テラーさん」という金融機関もある。

ま、お嬢さんだけに限らないが。

その窓口嬢の代わりを担うのがお嬢さんほどかわいくないＡＴＭだ。

首都圏や大都市ほとんどの銀行に10台、20台、いやもっと多いＡＴＭが入り口付近に並び、大半のコンビニに設置され、結果的に大幅な人員削減と24時間対応の顧客サービス向上が実現している。

■駅の券売機や改札機もロボット

ＪＲや私鉄の切符の券売機や改札システム。

こちらもロボットと意識する人は、まずいないだろう。通勤や出張などビジネスで毎日のように接するこうしたマシンも初期のロボットだ。

30年前のＪＲ（当時は国鉄）や私鉄ではチケット販売も改札も、すべて人が対応していた。改札口が多い駅では駅員さんがズラリと並び、乗車客には改札鋏で厚紙チケットをカチャカチャと、それはもう神業のように改札し、降車客からはチケットを受け取っていた。

いまそんな場面は見られない。人に変わってチケット券売機や改札機が対応する。

券売機は顧客と画面上で対話を行い（所定のボタンを押し）、瞬時に情報処理を行って顧客の求めに応じ、座席指定やフリーのチケットを提供する。

改札機はチケットを入れるかＩＣカードをタッチすると情報処理してたちどころに改札対応しているのだ。

その意味では駅頭や街のあちこちで、読者がちょっと喉が渇いて利用する自動販売機も同じように初期的なロボットと考えていい。

■ロボットは、その完結性ゆえに高い価値を持つ

ロボットの定義の前に、「ロボット」の語源は、チェコ（チェコスロバキア）語の「robota」（労働の意）というのが定説だ。

チェコの小説家カレル・チャペックが発表した戯曲のなかではじめて登場するが、ガンダムやトランスフォーマーのような金属製ではなく化学的な組成の人間もどきのようで「人造人間」ともよばれるが、いわゆるバイオノイドというのが妥当だろう。

チェコでのロボットの語源は１９２０年とちょっと古い。

時代をかなり現代に戻すと、ＪＩＳの定義が少しわかりやすいだろう。

工場用ロボットが日本で大活躍している１９８８年、ＪＩＳ（日本工業規格）は「産業用ロボット」を定義した。

「自動制御によるマニピュレーション機能又は移動機能をもち、各種の作業をプログラムによって実行できる、産業に使用される機械」

ただ「マニピュレーション機能」とあるように、操作、操縦など手による動作をかなり意識している。当初の産業用ロボットで、かつ大きく役立ったものが多関節で人の手の代わりとなった印象が強いのだろう。さらに「移動機能」にも言及はあるが。

私見で乱暴だがロボットを定義してみよう。

- **定義1……内部外部の情報を認識、処理して適切な対応（出力）を行う機器**
- **定義2……人の機能を支援、補完、増幅（パワーアップ）する機器**
- **定義3……人の代替機能を持ち、人を介在せずに機能する機器（移動、飛翔も含む）**

定義1は、自販機、券売機、改札機、ATMなどが該当し、立派なロボットだが、まずは初期的なロボットマシンと言うことができる。より正確には、人の代替機能を果たして省力化に効果をあげている。最近は、筋肉機能を代替可能にパワーアップするロボットも登場している。

定義2に相当するロボットは、じつは現在でも多く今後も増えるが、人の本格的な代替ではなく支援型の特色が多く、市場の拡大は爆発的になりにくい。

介護などを想定したパワーアップ型機器や自動車の自動運転システムなどが該当する。介護の場合など、現状では介護ロボットに人が張り付き、力作業をロボットで行うもの、またパワースーツのように介護者のパワーアップ用が多い。このことは、必ず人が張り付くことから省人化にならず、高コスト体質の介護事業になるために大市場は期待できないのだ。

定義3に該当するのは学習機能をもったペッパーなど、定義1を含んで人を代替するロボットだ。さらに今後増えると思われる人の機能、業務を代替する全自動型のロボットだ。

図 1-12. ロボットの特性

全自動となり、人の代替が高度化すると今後の少子高齢化でも安定成長し、日本の産業経済が明るくなる。

定義2と定義3の違いは、人が張り付くか張り付かないか……という大きな差があり、これは直接コストにはねかえる。

農業機器や建設機器などのロボット化は重労働のパワーアップをしてくれて作業効率はあがるが、人が張り付いている分、作業効率は高まっても大幅なコストダウンにはいたらない。

しかし、建設業などは2020年までは深刻な人手不足になり、人件費が高コストになると高齢者や女性を雇用してパワースーツで力仕事に対応する可能性も高い。

最近は、建設土木の現場にも女性が多くなり「ドボジョ」という言葉も登場している。

自動車の自動運転も付加価値が高まり、事故防止などで高い価値があるが、自動車の高機能（付加価値機能）になるとしても、大市場の出現にはなりにくい。

ただし、パワースーツなどは健常高齢者が体力の減衰を感じた際に、いままで同様に働いたりレジャーを楽しむなどへ利用できることが啓蒙され、薄型小型化して利用しやすくなると、健常高齢者が1人1セットの購入などが期待でき、大市場の可能もある。

こうしたロボットは、ハードから遊離したコンテンツを中心とする情報産業の特性とは異なり、ハードや情報処理を一体として、生活や産業のなかに入ってゆく点にある。

この点は非常に異なるが、ロボット産業は広義の意味では情報産業と位置づけていい特色と、メディア関連の情報産業より、きわめて統合的な産業だ。

もっともメディアは誤報や虚報でも適当に終わる可能性があるが、ロボット内情報は極めて厳密かつ精密でなければ機能しない。

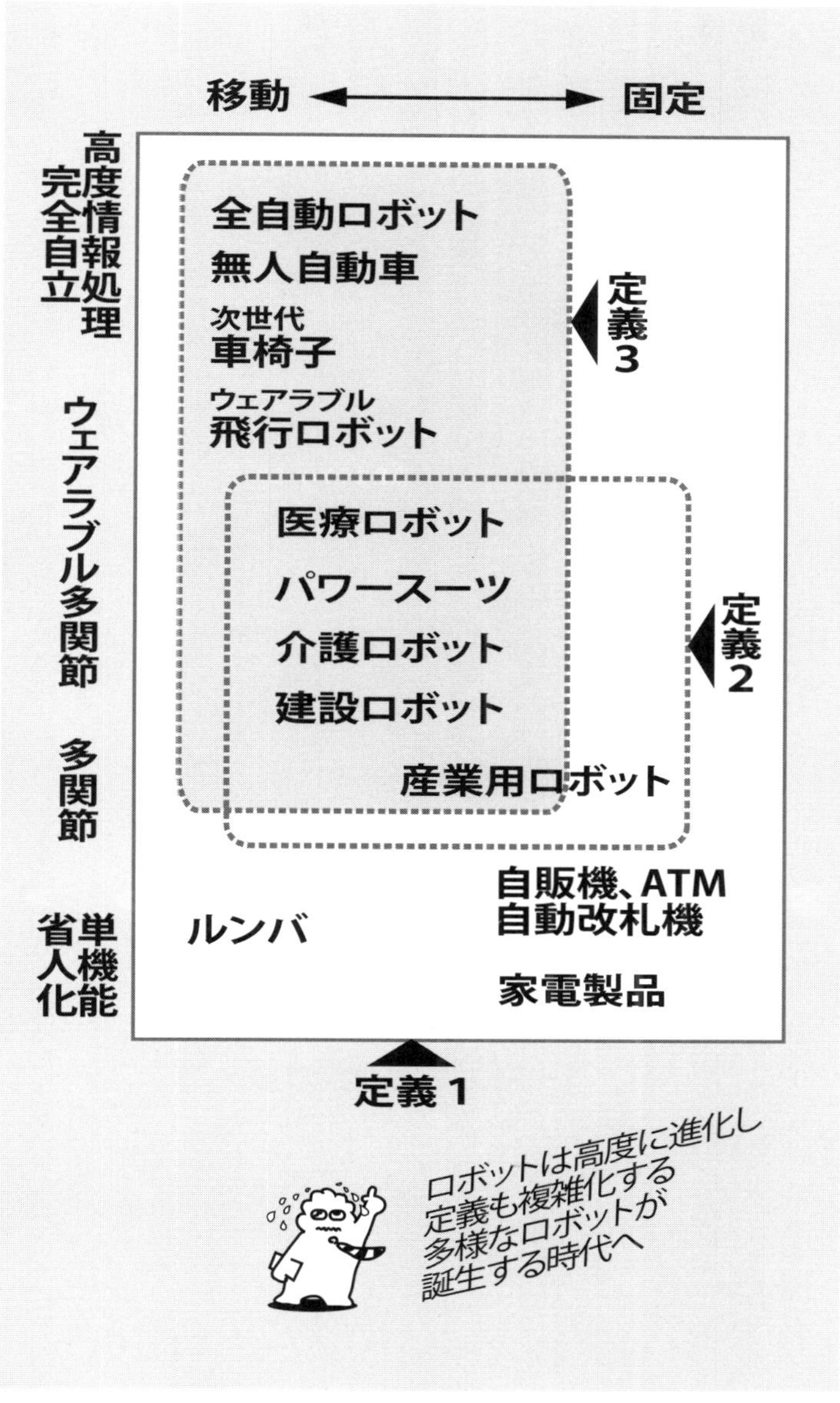

移動 ⟷ 固定

高度情報処理
完全自立
ウェアラブル多関節
多関節
単機能
省人化

全自動ロボット
無人自動車
次世代車椅子
ウェアラブル飛行ロボット
定義3

医療ロボット
パワースーツ
介護ロボット
建設ロボット
産業用ロボット
定義2

自販機、ATM
自動改札機
ルンバ
家電製品
定義1

ロボットは高度に進化し
定義も複雑化する
多様なロボットが
誕生する時代へ

図 1-13. ロボットの定義

ロボット産業、大発展のシナリオ

初動は農林漁業から、大本命は介護ロボットや育児ロボット

ロボット産業の本質を考えてみよう。

ロボットは人間の機能を代替する特徴を持ち、少子高齢化対策には最適この上ない。

その意味でも、他の要因をみても日本は世界的に絶妙の位置にいる。それを再確認した上で話を続けよう。

- **人件費の削減**……少子高齢化で介護などはコスト削減が国家的な課題となる。
- **人材不足対策**………農業などの異常な**「若少老多」業態**はロボットの必然性が高まる。
- **高齢者偏在の地方**…高齢者が地方に偏在し、地方の産業活性化が厳しい。
- **高精細度技術集積**…世界最高度に集積し、ロボットが高度に発達しやすい。
- **単純労働者は最少**…ロボット打ち壊しなどの暴動が起こるリスクは世界最小だ。
- **オタク人材が豊富**…若者にハイテク好き、ロボット好きが多い。

日本の少子高齢化とその人口構成は、世界的にみても異常に落差が大きく、その人口構成の狭間にロボットが登場して人間の代替として活躍してくれることは、社会的意義が大きいことを意味する。

今後10年、20年で団塊の世代は、75歳以上、85歳以上となり、しかも支える世代は少子化であって介護そのものが国家的に財政的にも重くのしかかる。ここに全自動型のロボットが登場する可能性は高い。いや可能性ではなく、やらねばならない。

■介護ロボット

図1‐14のように難易度と緊急度を考えると、介護の全自動ロボットの本格化は急がれる。

介護市場そのものが高い期待を寄せ、ロボット開発は加速しやすいだろう。

ただし大きな問題がある。

人を対象にした作業することは、人間にも難しく、さまざまな問題が介護の現場で起こっている。

ここでは介護ロボットをパワースーツ、マッスルスーツの類を言うのではなく、全自動介護ロボットのことだ。

この難易度が介護ロボットの完成に時間がかかると「日本は少子高齢化でダメになる」と、呪文のように日本のダメだし大好きな評論家たちの言うとおりになる。

そのためには、二つのシナリオを明確化させることだ。

一つは、人間を対象としない分野で実績を積みながら徐々に介護ロボットなどへ各種の機能が転移させるシナリオ。

もう一つは、介護業務を細分化して比較的簡単で危険の少ない作業からロボット化し、試験期間を置いて実証実験を繰り返してゆきながら、本格的な全自動ロボットにしてゆくシナリオだ。

この二つは上手に並行できる。

いずれにしても市場創造へのシナリオを間違えると産業全体の成長は遠のく。

その意味でロボット業界全体としては、シンプルに導入できる業態からスタートし、徐々に高度な機能を必要とする介護ロボットなどに進化させていくことが望ましい。

とはいえ、最もロボットを必要とするのは介護産業であり厳しい労働環境への支援だが、これについては4章にゆだねる。

■農業ロボットは、異常な「若少老多」業態への対策に必要

農業は、農業従事者が少子高齢化というか**「若少老多」業態**だ。若い人が異常に少なく、高齢者が圧倒的に多い。そのとてつもない異常状態は図1-15に示す通りだ。

農業は平均従事者が67歳になる高齢従事者が多い業界で、他国との従事者年齢構成を比較すれば、その驚くべき異常さがわかるだろう。なにしろ日本は65歳以上の従事者が61%も占め、20代は、わずか2・9%と3%に満たない。

他の国々は比較的各世代が従事しており、その継承に問題が少ないだろう。

日本の場合、このまま推移すると10年後の農業はどうなるか誰でも想像がつこう。TPPの問題や「農産物の輸出で活性化しよう」という話もあるが、そんな議論をしているヒマがないほどの異常事態と心得るべきだ。

深刻すぎる異常な「若少老多」業態は、壊滅へのカウントダウン状態であり、だからこそ農業ロボットは喫緊の課題なのだ。これについては、第2章で、小説仕立てで解説してみよう。

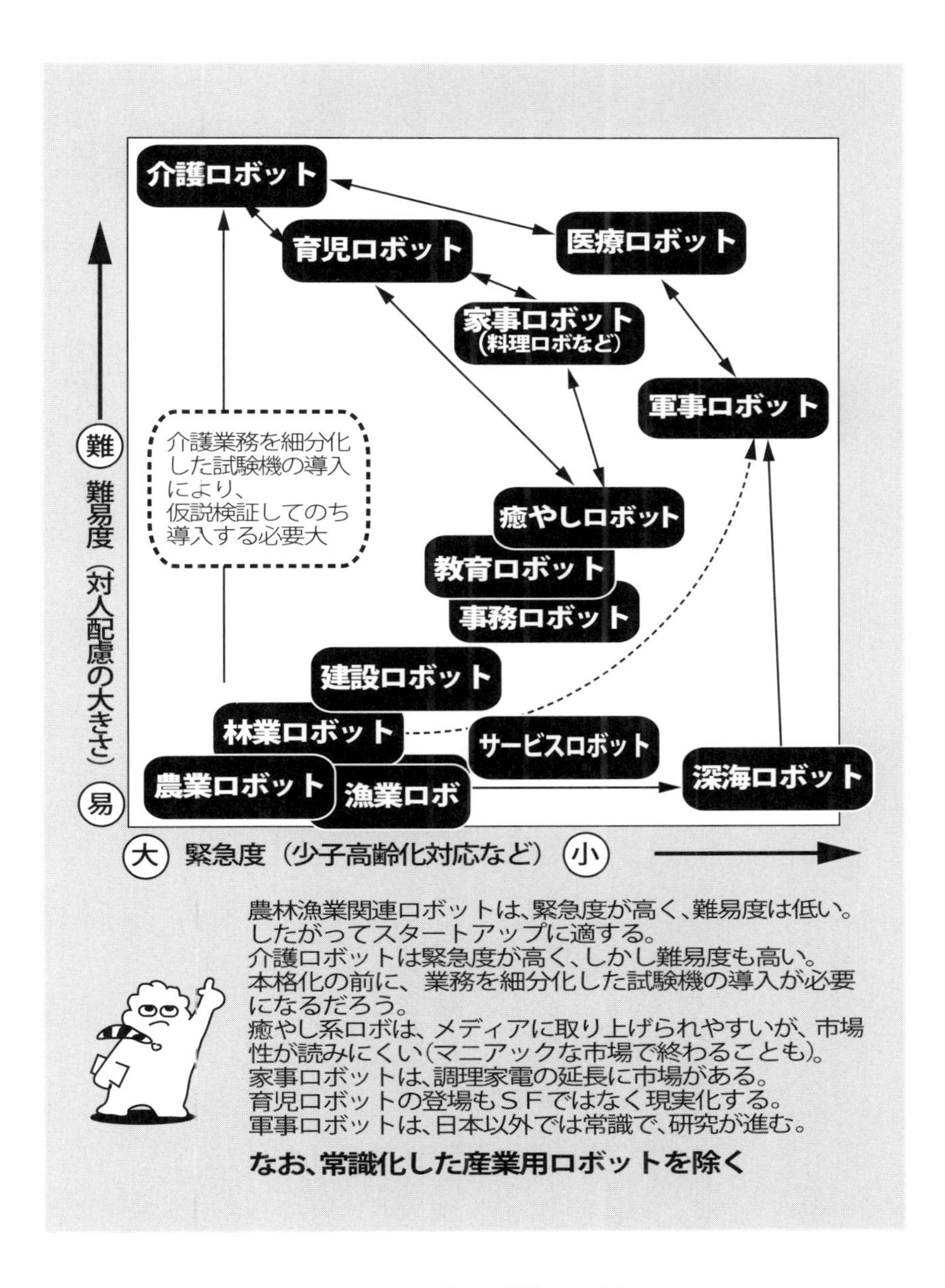

図 1-14. ロボット発展シナリオ

■林業ロボット、漁業ロボットも、農業同様の位置づけ

また、林業や漁業も農業と同様に従事者の高齢化がすすみ、後継者難という喫緊の課題を抱えている。林業は森林整備という国家的な課題があるが､生産性の悪い林業にもロボット導入で解決を図るべきだ。こちらは119ページからの林業ロボットの章を参照されたい。

漁業は「海女ちゃん」で一時的にブームになったが、厳しい労働にはかわりなく、潜水、魚種や貝類選択、収穫などの作業はロボットで十分すぎるほど可能だ。

この漁業ロボットは本格的に展開する必要がある。

それは、深海への進出の足掛かりにでき、結果的に**世界第6位という膨大な面積を持つ「領海とEEZ」への管理運営に「深海ロボット」**は重要な役割を担う。

資源探査や開発、地震探知に活用できるだけでなく、離島周辺では防衛と密接な連携もとれる重要な課題となる。2014年の夏には、中国漁船が赤珊瑚の密漁に押し寄せて来たが、海上保安庁で対応できるレベルを超えて来襲したことを見ても、EEZ海域の防衛にはロボットの登場は欠かせない事態になろう。

■建設ロボットは、2020年待ったなし！

安倍内閣の第2の矢は、積極的な財政出動で国土強靭化を図ろうとしているが、最盛期から200万人も減少して400万人になった業界の人手不足は深刻で、加えて首都圏では東京オリンピック需要で人手不足が喫緊の課題となっている。

これに対して、外国人労働者を受け入れようとする話も聞こえてくるが、労働者を大量に受け入れ、定住化するとどんな問題が起こるかは、先進地域の欧州の状況を見ることだ。

ドイツはトルコ人を入れ、フランスはアルジェリア他、北アフリカから労働者を受け入れ、イギリスは旧植民地のインド、パキスタンから労働者を受け入れて社会問題が深刻化していることを、より研究する必要があるだろう。

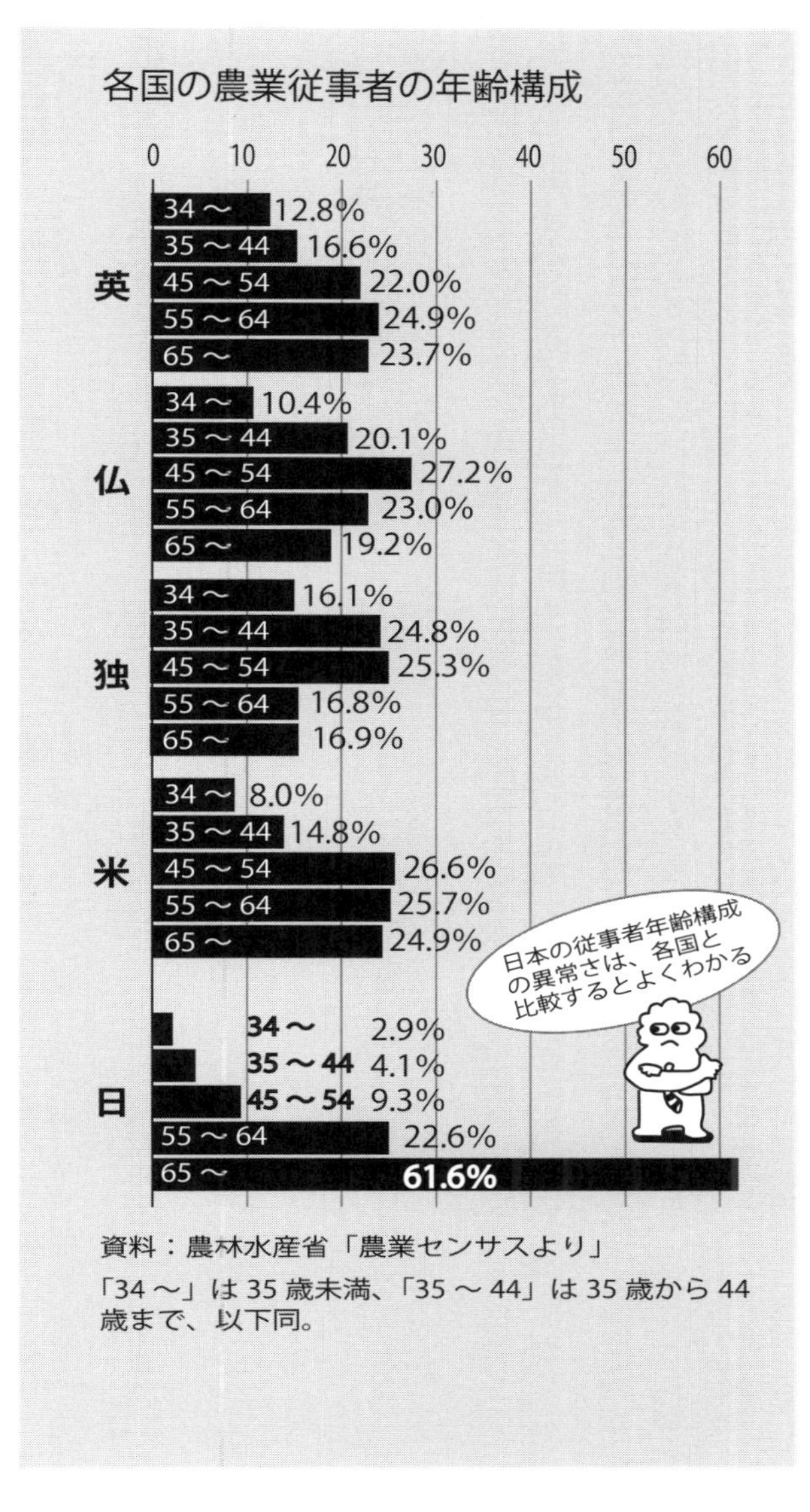

図 1-15. 各国の農業従事者の年齢構成

だからこそ建設ロボット研究を、主に単純労働からはじめ、省人化の徹底を図るべきだ。

■その他のロボット

医療ロボットは進化を続けており、これらが介護ロボットの要素技術に展開することも多いだろう。また、家事ロボットや育児ロボット、さらには癒やしロボット、見守りロボットは、家電メーカーや電子系メーカー他でさまざまに着手しており、続々登場する。また、ソフトバンクも２０１５年春にはペッパーを発売するなど今後、百花繚乱状態になるため本書では割愛する。

ペット産業は伸びているが、ペットが亡くなった際のペットロス症候などが話題にのぼる。また、旅行の際のペットホテルや食事から排泄の世話など時間とコストがかかり、ペット虐待などの社会問題も増えると癒やし系のペットロボットの普及を促す。

日本では異常にタブー視されるが**世界各国では軍事ロボットはロボット研究の要**となっており、無人偵察機や無人攻撃機、さらには多目的な歩兵ロボットなどの研究は一般的に行われている。

こうした非現実的な軍事アレルギーが、東電の福島原発へ日本のロボットが入れなかった屈辱的、象徴的な事態を生じた。入ったのは、米国アイロボット社の多目的ロボットだったことを先に述べた。

■農業ロボットから始まるシナリオ

日本は農業従事者の異常な高齢化に直面し、ＴＰＰなど難しい局面に遭遇しているが、農業ロボットを中心に林業や漁業に集中して、ロボット産業の開花を図ることは日本の戦略に重要この上ない。

農業ロボットを考えた場合、農業従事者は専業農家の従事者で２００万人を割っているため、ここにロボットを投入しても百万体も需要がないと考えるだろう。

しかし、埼玉県に匹敵する休耕田畑などの復活再利用、ロボット活用での新事業や新業態を考え、家庭菜園などホームユースの需要開拓も含めれば数百万体は視野に入る。

さらに林業や漁業には類似技術が応用可能で、大きな市場創造が可能だ。

こうした状況と並行し、介護ロボットの要素技術は進展し、介護ロボット市場が拡大すれば、高齢者の人口の多さを勘案すると介護ロボットの需要は計り知れない。

ほぼ20年後の２０３５年、団塊の世代は85歳を超える。この年の高齢者は３７４０万人。65歳～74歳が１４９５万人、75歳以上は２２４５万人で、全人口１億１０００万人の33・４％が高齢者となる。（国立社会保障・人口問題研究所による推計値）

約10年後の２０２５年でも高齢者人口は３６５８万人に及ぶ。

要介護の人達に１人１台の介護ロボットがつき、75歳以上の健康な高齢者がパワースーツを利用して自由に動く時代になると、軽く１０００万台を超えるだろう。

下技が不自由な人たちは現在、車椅子（電動も含め）を利用しているが、まだ数百億円市場にしかすぎない。

しかし、介護ロボットが普及すると通常の乗用車、さらに車椅子とパワースーツが連動する時代が来る可能性が高い。現在でも実証実験がすすむ自動車の自動運転などの技術が、こうした車椅子、パワースーツと連動する。

また、それ以上にパワースーツは、若年層に拡大すると新市場に拡大する。

バイクや自転車もモトクロス、ツール・ド・フランスのようなロードドレースや競輪やトライアスロンなどの市場を創っていった。

同様にパワースーツはパワースーツをチューンアップしてスポーツ仕様などが派生し、多様なスポーツを生むだろう。

長い通勤距離を楽に過ごせ、駅の階段をラクラク上下する利用法もできれば、酔っ払って泥酔状態でもパワースーツが自宅に安全に誘導してくれる仕組みもつくれる。

広義なロボットも含めると、1億体のロボットが人を支援する時代は、そう遠くない。

結果的に自動車産業を抜く時代が訪れることだろう

第2章

農業ロボットが地方を、そして日本を救う

農業ロボットは日本の少子高齢社会で、ことさらいびつな農業従事者の構成は**『若少老多』状態**だ。

これに対して大きな可能性を帯びたものだ。

農業従事者の平均年齢は67歳と異常で、対策をとるには、もはやタイムリミットに近い。

ここでは、できるだけ多くの人にロボットの価値を知っていただくためにも、小説仕立てで話をすすめ、また「4コマ漫画」も用意した。

群馬・嬬恋村のキャベツ農場 2018年

農業ロボットの導入は、農業の生産性を大きく高める

穂刈恵三は、ロボット農家の草分けとして全国的に知られはじめている。

ＩＴ農業、ロボット農業の未来をみせてくれた男として全国的に知られ、農村はもちろん都市部からも多数の見学者が訪れている。

穂刈の会社「株式会社アグロボ」には、若者の入社希望者があとを絶たず、いまやＩＴ農業ベンチャーは若い人たちが目指す憧れの職業となりはじめていた。ついこの間までの農業関係者は隔世の感に驚きの念を隠せないようだ。最近では海外からの見学者も続々増えている。

河原崎由紀は上毛新聞の記者だが上毛テレビのレポーターもよく頼まれる。今回は新聞とテレビのコラボ企画で、テレビ局のディレクターやカメラマンらと共に、本格的に穂刈のロボット農業を取材し、全国に発信しようと取材に来たところだ。

由紀は穂刈にマイクを向けてたずねた。

「いつ頃から、この農業ロボットを始められたんですか？」

穂刈は、背後に広大に広がるキャベツ農場を見ながら取材に応じている。

「そうですね。じつは5年前の２０１３年に結婚して、群馬の、この嬬恋村に来たんですが、それ以前からちょくちょく来てまして、キャベツ農場のＩＴ化、というかロボット化に興味をもってから

ですから、えーと5、6年前くらいからでしょうか」

「そうそう、あなたは婚約前からここに来てたわよ」

隣でいっしょに取材に応じている妻の啓子も加わった。

記者の由紀は、満面に笑みをうかべて女性であれば聞きたくなる質問を切り出した。

「あのぉ……どんなご縁だったんですか？」

啓子は、穂刈をみやって顔をあからめ、

「ゴウ……合コンだったんですよ……」

ちょっとはずかしそうに、なかば吹き出しながら答えた。いまどきのカップルらしく東京での合コンで意気投合したのだという。

「えーっ、合コンなんですか！」

由紀は彼女なりにイメージした２人の出会いとは異なっていたのか、ちょっと次の対応に困ったが、気持ちがそのまま思いっきりの笑顔になった。

「わー、でも、いいですね。こんな素敵な自然いっぱいのサイコーのところでご一緒に暮らせるなんて、ほんとにいいですね！」

啓子は、由紀にかなり打ち解けて話している。

「私はですね。彼が……穂刈がＩＴ企業の社長だったでしょ。これからはもう、ずーっと東京暮らしができると思ってつきあうことにしたんですよ。でも……あてがはずれて、いまは実家暮らしになっちゃって、キャベツ畑のどまんなかです」

「なんだ、啓子はボクじゃなく、東京暮らしと結婚したかったんだ！」

穂刈が不満そうな口をはさんだものの顔は笑っている。啓子と由紀は、お互い肩をゆすり、大いに共感しているのか片手をハイタッチしながら大笑いしている。

穂刈は群馬のキャベツ農家の娘、沼澤啓子と結婚、それ以前から土、日、月曜は群馬その他は東京と、新幹線を東京・高崎、ときには長野新幹線で軽井沢へ行っては車で移動するか、東京から嬬恋まで関越自動車道、上信越自動車道を使って往復し、キャベツ農業のＩＴ化、全自動化に研究、着手していた。

穂刈は東京生まれで農家に関係があったわけではない。東京の高校生が普通にするように、そのまま東京の大学の工学部に入り、卒業後、急成長しているケータイ関連のソフト系のＩＴ企業に入社した。

しかし、ＳＮＳゲームなどのソフト開発に異常に注力する経営者の方針とも何か違和感があった。また、それ以上に自分が関わったソフトに若者が我を忘れてのめり込んでしまう異常な状況を見るにつけ、なにか空虚さを感じ、自分の人生をかけるミッションとかなり異なる印象を持ち、自分でITベンチャーを起業した。

システム開発で大手の仕事を多数手がけ、受託先からの評判もよく、30歳になる頃には100人程度の人材を抱えるまでになっていた。

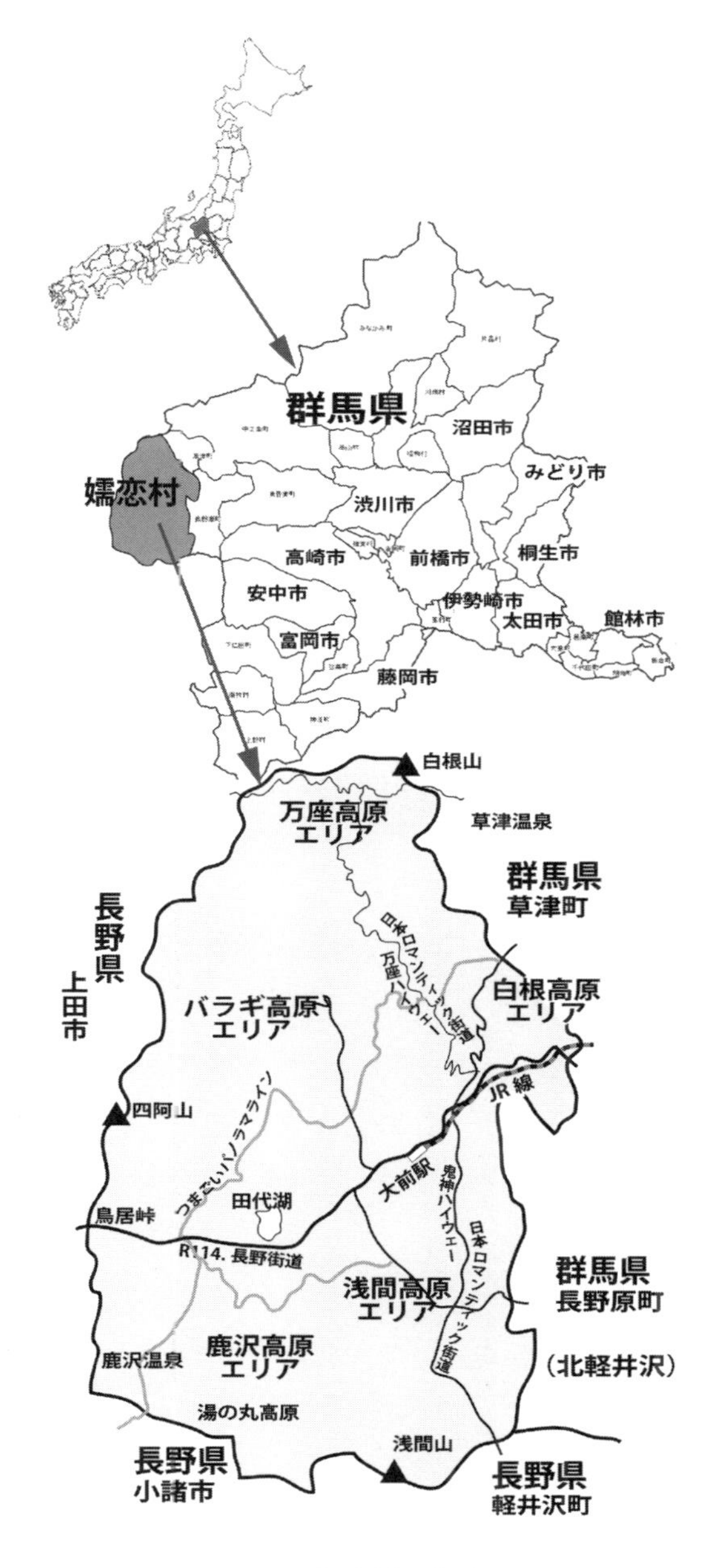

図 2-1. 嬬恋村の位置

だが、穂刈はもともと受託型の仕事ではなく、みずからの意志で、かつ社会貢献できる事業を強く志向し模索していた。

そんなおりに啓子に出会ったのだ。啓子は大手飲食店チェーンの企画部門に勤務していた。彼女の実家が群馬のキャベツ農家ということを知ると穂刈は啓子に自然農法や無農薬食品の話をよくしていたらしい。

穂刈は一度、群馬県嬬恋村の啓子の実家の広大な農場を訪れた。その広大な畑と高原の澄みきった空気に触れて心身ともに感動し、自分のミッションを強く感じて以後、何度も足を運び、農業への関心はさらに高まった。

「さらに」というのは、もともと自然食品、無農薬などに強い関心をもっていた両親のもとで育ち、子供のころからジャンキーな食事を食べさせてもらえず、自然食、健康食志向のなかで育った穂刈は、農業や農産物に関心を持っており、啓子と婚約する前から農場や農業生産を知りたくて毎週土、日曜は群馬の嬬恋村まで出かけるようになった。


由紀は経緯についていろいろ聞いた後で穂刈にたずねた。

「どうして、キャベツの農業ロボットをつくる事業をはじめられたですか?」

穂刈は由紀にうなずき、視線を由紀からゆっくりキャベツ畑にむけて、なにかを考えるように少し間をおいたあと、話しはじめた。

「嬬恋村はですね、もちろんご存じでしょうが東京で消費されるキャベツの80%程度を供給する大産地なんですね。ひらたく言うとトンカツ屋さんはキャベツを大量に使いますが、あの東京のトンカツ屋さんのキャベツは、ほとんど嬬恋産と言っていいでしょう」

穂刈は、由紀が途中で割り込むタイミングを失うほど、次々と解説していった。

嬬恋村は標高800メートルから1400メートルの高原で、20度前後の冷涼な気候がキャベツ生産には非常に適していたことで生産が拡大し、日本でも有数の大規模生産地になっていた。

キャベツの生産出荷量は、愛知県と群馬県が日本の出荷量の双璧だ。

この2県で日本の生産量の3分の1を占め、3位以下を大きく引き離していた。（愛知県26万2900トン、群馬県25万9700トン）

そうした状況から、ある程度、機械化がすすんではいた。

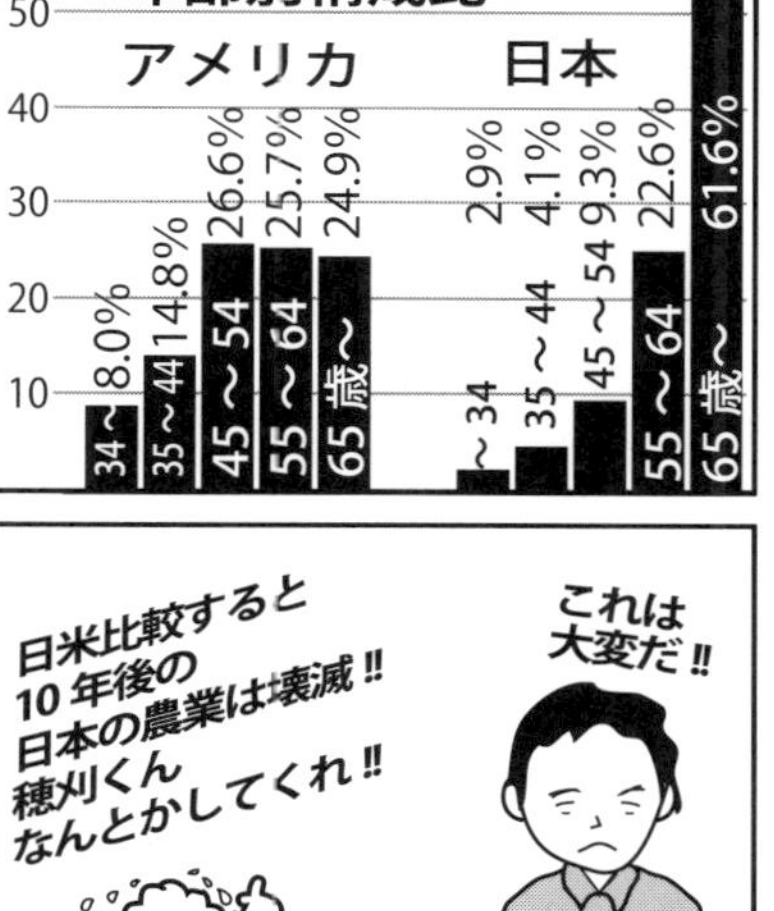

機械化を超え、全自動ロボットを目指す

穂刈が率いる株式会社アグロボは「全自動ロボット」を目指す

大型の各種農業機械を活用しながら栽培から収穫作業までを行っていた。

機械化は嬬恋村のキャベツ生産に、もちろん役立っていたが、穂刈が疑問を感じたのは常に機械に「人が張り付いて」作業が行われていたことだ。

確かに機械化は重労働を軽減し、多少、生産性は高まるものの人が機械にいちいち張り付いているのでは生産性には限界がある。工場のように全自動無人化に近い仕組みを目指さないと高コスト体質は変わらず収益性は悪い。

……これはロボットで全自動化できないか？……

穂刈は直感的にそう思ったのだ。

農作物は一般的には、畝（うね）立て整形、育苗、畝への移植、中耕、施肥、農薬散布、培土、収穫と作物運搬などの作業に別々の農機が必要になり、本格的に導入すると、じつに何千万円もかかる問題があった。

「河原崎さん、記者をされてるわけですから農家の取材に行かれたり、太田あたりの工場に取材に行かれていると思いますが、嬬恋村のキャベツ生産にはロボットはともかく、かなり機械化されてますでしょ」

「ええ、そうですね。嬬恋村などの機械化はすごいですね。まあ群馬全体でもそれぞれの作物に応じた大規模農場では機械化した農家は多いようですね」

穂刈は、あいづちをうちながら、ふと由紀に話した。

「河原崎さん、あー、由紀さん……でしたね。由紀さんとお呼びしていいですか？」

穂刈は由紀に提案した。

「ええ、そうしてください！『河原崎』の名字はカタく感じられるらしく皆さんからは『由紀』と呼んでいただいてます。私も由紀と呼ばれるほうが好きですから」

穂刈は、取材のなかではじめて笑顔を見せた。

「はい……では由紀さん、一般的な工場の機械化と農業の機械化で、決定的に違うところは、どのポイントかわかりますか？」

由紀は一瞬、回答に困った。

穂刈は由紀の顔色を見てうなずき、さらに解説していった。

「工場と農業の機械化はね、生産性が決定的に違うんですよ。工場の機械化は極端には24時間365日稼働が可能ですね」

「あっ、そうですね。なるほど……ほんとだ！　農業ではそうはいかないですね」

由紀も上毛新聞に入って取材歴も短いわけではない。取材の経験から穂刈の言いたいことは、すぐわかった。

穂刈は、うなずきながら話を続けてゆく。

「そうです。農業では農作物の生育の、ある時点だけに機械化するために、機械の導入をするケースが多いんですよ。たとえば米作の場合、田植え機と稲刈り機は別々でしょう？　365日24時間稼働は、絶対不可能じゃないですか」

「ほんとうにそう！　……まったくそうですね……」

■工場は365日、24時間体制で全自動化、農業は中途な機械化

由紀も取材の立場を越えてワクワクしてきた。穂刈は夢を語るように話しているのに由紀も感化されてきたのかもしれない。

農業のロボット化は機械化のようだが、ロボット化は生産性の考え方がまるで違うのだ。

「由紀さん、農業の場合、たとえば収穫用の機械は、収穫の2週間程度にしか使えないじゃないですか。でもキャベツ農家の場合は、まだマシで年間2回とか3回とか収穫できますから米作よりはマシですね。

とはいえ農業と工業との生産性の違いは、これはもう決定的なほど違うでしょ」

由紀も穂刈にマイクを向けながら、納得してうなずいている。

その2人の姿をカメラマンが2人、2台のカメラで追っている。

「由紀さん、時計って精密機械ですよね」

「ああ、そうですね」

「腕時計で安いものは、どのくらいの価格で売ってると思います?」

「う〜ん、いくらぐらいでしょうか?」

ちょっと由紀は、困って自分の腕時計を見たり、周囲の人たちの腕時計を見やった。

「実は1000円を割り、500円近いものすらあります。つまり高値の時のキャベツひと玉よりも安い」

工場
工場は24時間365日
ほぼ無人で稼働する!

穂刈はそう言いながら笑っていたが、すぐに真剣な顔になった。

「この時計とキャベツひと玉の値段が同じということが、365日24時間生産する工業生産と農業の生産性の決定的な差なんですね」

農業では農作物の生育の段階に応じて機械が別々のことも多く、作業の際にほとんど人が張り付かなければ機械が機能しないことが問題なのだ。

工場のように省人化し、ベルトコンベヤーで順次、組み立てられるのとはわけが違う。

穂刈はキャベツづくりへITを導入して生産性をあげようとしたのは、この省人化の部分と、生育の段階に使われる機器を、できるだけ共通化させようとしたのだ。

穂刈が考えて開発し、実際にキャベツ農場に満を持して本格導入した全自動農業ロボットのコンセプトは以下のようなものだった。簡潔に特徴を紹介しよう。

・無人自走のシャシー（基体）を基幹としたシステム構成

自走可能なシャシー（基体）は無人自動走行を可能にすること。可能な限り、ひとつの作物ないし類似の作物には共通のシャシーで行うこと。

シャシーには各種センサーを搭載して作業に応じた自動走行を可能とし、センサーから農作物の生育状況やその他情報を得てロボット自身がシミュレーションし、自身で対応して作業する。

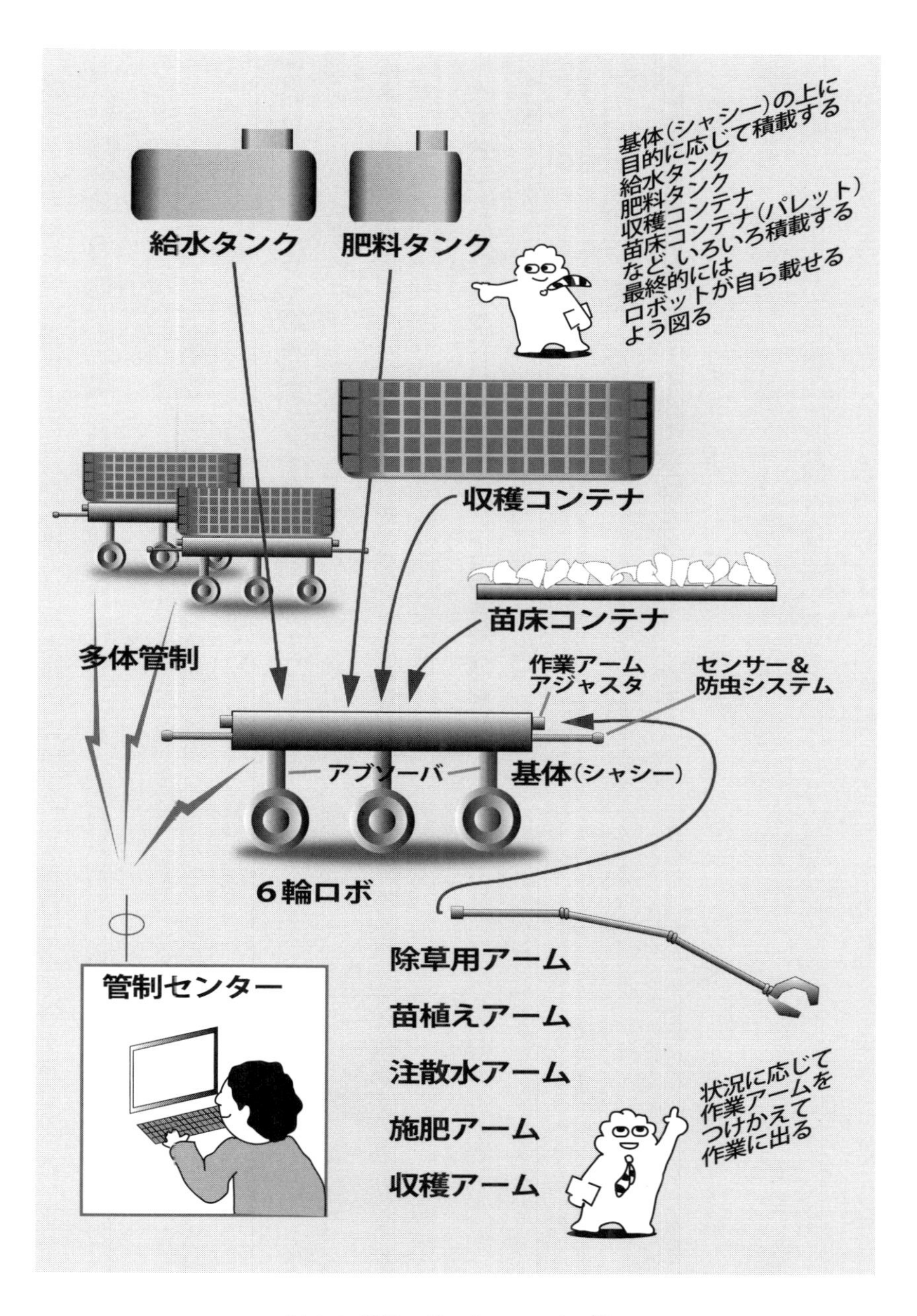

図 2-2. 農業ロボットのコンセプト

問題がある場合、ロボットが判断に困る事態が生じた際には農業ロボット管制センターに情報を送信して問題解決（課題対応）をし、対応策はネットワークで情報共有し、農業ロボットは学習ソフトでそれを学習できるようする。

シャシーには監視画像カメラが設備され、管制センターに送信し、状況に応じた情報、たとえばセンサーで各種の病害虫をチェックして駆除できるようした。

・各種供給タンクや収穫コンテナ他

シャシー上部には作業に応じたツールを搭載・設置する。例えば散水、注水用のタンク設置、施肥用のタンクの設置、さらには育苗した苗の置台、収穫時には、収穫用コンテナを設置するなど、目的に応じて設置する。

・作業アームはロボットが目的に応じて自ら着脱自在とする

作業アームは目的に応じてボディーに着脱自在にし、ロボット自体が着脱する。たとえば育苗した苗を植えるアーム、散水アーム、収穫アームなどを多様に用意する。収穫時にはロボットが収穫アームを装着して利用自在にする。アームはロボットがみずから着脱できるようすればいい。

・ロボット管制センターで集中管制を行う

このロボット管制センターについては後に述べるが、ロボットが無人走行しながら各種作業を管理、指令するセンターで集中管制を行うシステムとした。

由紀は、全体像がわかるにつれ、全体のシステムのすごさを感じた。

「穂刈さん、なんかすごい仕組みなんですね」

穂刈は目の前に広がる農場を見ながら感慨深く感じているのか何度もうなずいている。そして言葉をかみしめるように話し始めた。

「これらはね。『先人の知恵に学べ』ということと、『3人寄れば文殊の知恵』……ってヤツですね。社是にも入れてます。農家出身者を中心にプロジェクトチームを組んでやってます。いまウチには農家出身で農業がイヤでイヤでたまらないがＰＣ好きやゲームおたくだった連中なんかがですね。続々と入社してきてます」

由紀は驚いた。群馬の各地をあちこち取材しているが、農業の場合、後継者難でいろいろ問題を抱えている。農業だけではなく、他の産業もどこでも後継者難だ。

「後継者が戻ってきてるんですね」

後継者もUターンし、若い人たちの就業が続く

農業後継者がUターンし、都会育ちも続々入社する

「ウチのスタッフはですね。親御さんと、なにかといえばケンカばかりしてた……って連中が多いですよ。ほとんどそうですね。実家はなにしろ昔ながらの農家で親父さんは『息子よ、おまえは絶対に後を継げ！　先祖代々の土地を守れ！』と紋切り調。しかし、息子のほうは『嫁さんは絶対に来てくれない農業なんか、継げるわけがない！　継ぐもんか！』と並行線で家族で大ゲンカばかり。もちろんウチのスタッフも『継げ！　継がない！』ってケンカしてた連中ばっかりだったんですよ」

由紀も群馬県の各地での取材先のことを思い出してうなずいた。

「ほんとにそうですね！　県内各地で、そうしたお話は聞きます。農業だけじゃありませんね。伊香保なんかの温泉宿でも各市町村の商店街でも後継者難の話は多いですし、親御さんが自分の代で商売はおしまいだ……っておっしゃる方も多いですからね」

啓子も話に入ってきた。

「由紀さん、私もそうなのよ。子供が女ばかり3人だったので父からは『おまえは長女だから農家からムコをとれ！』ですよ。ヒドい話でしょ！　もうアタマに来ちゃって、で嬬恋村から逃げ出すために『大学だけは東京に行かせて！』って東京に逃げだして、もう帰らなくていい！　……と思ってたら、農業に興味のあるダンナと一緒になっちゃって、結局舞い戻ってきたんですよ」

笑い声が大きく広がった。いつもは被写体に静かにカメラをまわすカメラマンも明らかに笑いをこらえながら撮影しているのか、肩の揺れを必至で避けているのがわかる。

穂刈も苦笑いしながら説明を続けている。

「まっ、まあ……そんなところですがウチのスタッフはですね。いまはもう親父さんのところに行ったり、逆に管制センターに来てもらったりして、いろいろ農作業関連の細かい情報をもらってるんですよ。お年寄りは寡黙ですが農業に関する情報は身体に染みついてますね。結果的に親子の会話が真剣になって、その情報が次々加えられて、それがあってロボットの完成度は、ものすごくレベルがあがったんですね」

由紀も深くうなずきながら納得しているようだ。

「穂刈さんのロボットは親子の絆を強くする役割も果たしたんですね。すごいことですね」

穂刈は、温かい笑顔をみせ、

「ほんとに結果的ですが、ここまでうまくいくとは思っていませんでした」

■農業ロボットの多体管制で大幅な人件費削減と収益拡大

さらに建物を指差し、由紀を即した。

「さあ由紀さん、あちらに向かいましょう。ロボット管制センターをお見せします。レベルは天地も違いますがＮＡＳＡやＪＡＸＡの管制センターと同じような考え方です」

由紀は、穂刈の仕事にますます興味がわいてきた。

「どのくらいのロボットを管制してるんですか？」

「ええ、当初はつきっきりでやってましたよ。そして徐々に１人で2体、3体と管理できるようになり、今では10体以上を管理できるようになってます。今年中には20体以上のコントロールが可能になりますね。理論上は50体が可能になってます。ま、50人のロボット・スタッフを管理職が１人で対応するという感じですね」

「すごいですねぇ、で、いま全部で何体のロボットが……」

「この農場では３００体が稼働してます。まあ、実験的な開発中のロボットも入れると、４００体近くがありますが」

「それは、すごい数ですね。で、農場にはどの程度の人がおられますか?」

「農場担当は15人くらいです。これは管制センターでロボットの管理をしてます。あと開発要員が50人ほどですね。ロボットの設計・開発・試作をする開発関係者とメンテナンス要員です」

穂刈の会社「アグロボ」では、人間は農場に出るのではなく、管制センターでロボットを管理する方式のために劇的に人件費が削減される。

「アグロボ」では水菜などの葉物もロボット化が実用化直前になっており、さらに群馬名物の下仁田ネギや、根菜類も実証実験が終わっていた。

近隣農家で高齢化がすすみ、収穫時などの繁忙期に病気になったり体調を崩す高齢者も増えるなど、作業に支障をきたす農家は次々増えていた。

嬬恋村・「アグロボ・ロボット管制センター」

管制センターは、まるで大学の研究所か、ロケット管制センターのよう

こうした農家から次々と農地を借り上げて、毎年、栽培面積を大規模化しているという。高齢者の農家の人達は年金を増額してもらう感覚で、喜んで農地を提供してくれた。

２０１５年に開始した当初のキャベツ用ロボット数台の開発は、特注などもしたため資金がかかったが、ロボットのコストダウンをめざし、３Ｄプリンタも導入して内製化することにした。

実験段階の産業やビジネスでは、試作にも時間とコストがかかる。さらに作った機械をちょっと修正したいということがしばしば起こるのだ。これを外注していては時間もコストもかかり、いちいち説明して発注先に理解してもらうのも面倒だ。

精密な電子材料などはネット経由でかなり買うことができた。超精密で高速で移動する自動車とは違い、必要な部材はホームセンターに行けばたいがい手に入った。

問題はシャシー（ロボットの基体）の製造が大変だったが、これは鉄パイプを切ったり、ドリルで加工し、細かい部品は３Ｄプリンタで自作すると驚くほど低価格でできる。

溶接がかなりやっかいと思われたが、その技術を持つスタッフが経験はともかく偶然にもいた。そこで工具や治具も各種そろえ、溶接などの器具をひととおりそろえた。

完成度が高まれば外注もでき、また製造子会社を造ってそこで製造するのもいい。

電気、電子、自動制御設計、機器の設計制作ができるスタッフもそろい、コストは激減するのと同時

に速攻でロボット製作体制が整っていった。

ロボット用に使う車輪、モーター、アブソーバ（振動吸収装置）、センサー、さらには駆動装置や各種のジョイント材などは、ネットで部品メーカーを調べて発注した。

ロボットアームなども普通の鉄パイプを購入して所定のサイズに裁断して溶接したり組み立てた。工業高校卒や高専卒のスタッフもロボット作りにのめり込むスタッフも次々入社してきて即戦力になった。

さらに産業用ロボットの設計制作の会社はリーマンショック以降、仕事が少なくなっていたこともあって優秀な人材が続々入社してきた。

自社で内製化して十分に機能し、１体の開発コストが軽く１００万円以下に下がり、経営計画の進捗も問題ないことから、銀行も積極的に融資してくれた。

さらに一部上場企業やベンチャーキャピタルからのアプローチも増え、大手メーカーや部品メーカーなどから共同経営の提案が多々来ていて、穂刈は多忙を極めていた。

さらに沼澤農場以外にも穂刈の成果を見てロボットの利用希望者が続出し、約1000体が近隣のキャベツ農家や他で利用されるようになっていた。

また、隣の長野県では川上村を筆頭に高級レタスの特産地であり、年収2000万円を超える農家もあるが、こうした農家はいちはやく穂刈の実績を見て次々導入をはじめていた。

これらは穂刈の別会社が次々とロボット生産して農家に供給していた。

■管制センターはまるで研究所、農業従事者が白衣を着る時代！

管制センターの運営は、穂刈の義父・沼澤寛治と近隣農家の人たちが関わっていた。

沼澤家は昔からの農家で農地も数町歩と広く、自宅の面積も日本の宅地では1000坪と広く、さらに背後に数十町歩の山林も持っていた。その山林のふもとの一角に収穫作業と箱詰めをする作業場があったが、ロボット運営が順調なため、古びたプレハブ倉庫だったロボット管制センターは本格的に改築、敷地面積が250坪ほどの鉄骨5階建てになった。

1階を出荷作業や倉庫、2階の管制センターはロボット作業の集中管制の司令室とした。

3、4階は設計や開発センターと研究室を設置し、当初は工場も一緒だったが工場は平屋の別棟を建設して、工場、修理工場、ロボット集積場とした。

5階は100坪程度で会議室や応接室を数室つくった。

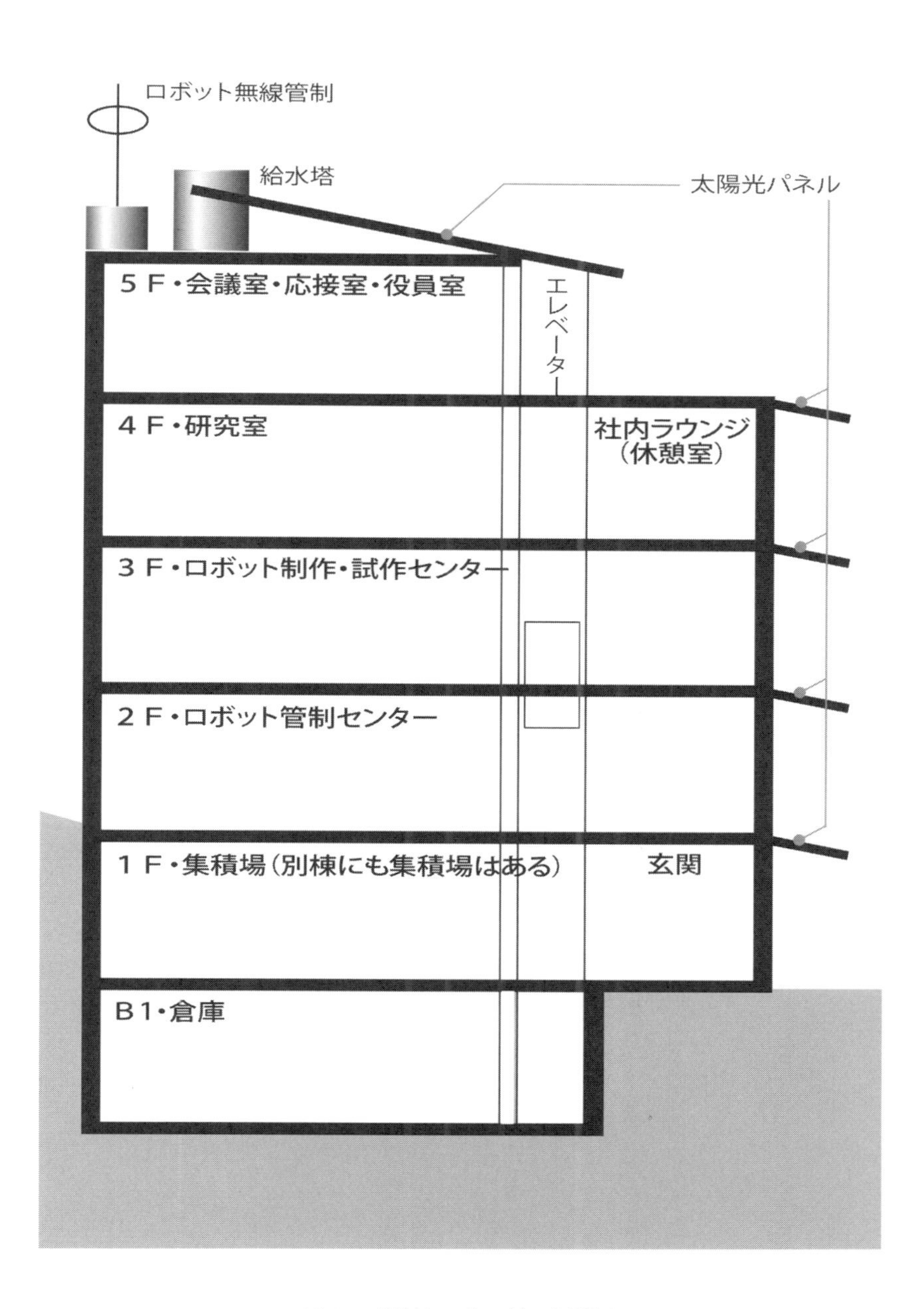

図 2-3. 管制センター棟の解説図

南面の各階のひさしと5階の屋根には太陽光パネルが用意され、ロボットへの電力供給の一部に使われた。

1階はロボットが入ってこないかぎり見た目は一流企業の工場と変わらない。実に整然としている。そして2階のロボット管制センターは東京の丸の内にあるＩＴ系企業か、大企業の最先端の研究所の雰囲気そのものだった。

2階のロボット管制センターには、大画面の液晶パネルが数十枚も整然とレイアウトされており、さまざまな画面が映されている。中央の液晶大画面には沼澤農場の全体の地図が表示され、そこにＧＰＳ搭載したロボットの作業位置が表示されており、秒単位で移動が表示されていた。


上毛新聞の由紀記者は、以前のプレハブ倉庫もどきの時代に取材したことはあるが、この新装なったロボット管制センターには度肝を抜かれた。

「あの、点滅して色が変わっているのは、何ですか？」

誘導していた穂刈は、画面を指しながら説明した。

「少しずつ動いているのは秒単位でロボットの位置を教えてくれています。横の数字と名前がロボットの名前です。ロボットが点滅のように見えるのはですね……秒単位で位置が変わってるってことなんですよ」

「なるほどね、ものすごい数を管制してるんですね」

「そうです、まあ作業してくれてるので管制というほどのことはありません。大半が黄色ですね。黄色は作業中を意味しています。せっせとキャベツへの各種作業をしてます。で、動きのある緑色は、運搬ロボットで収穫したキャベツを、ここの1階の作業場まで運搬してくれる途中ですね」

図 2-4. 管制センター内部の説明

「なるほど、すごいですね」

「……あっ、これ赤に変わりましたね」

「この赤はですね。トラブルです。ロボットが知らない事象が目の前にあるケースです。センターへ判断を聞いてるんですね。ちょうど義父がいますので紹介しましょう」

沼澤の義父はロボット管制センター長として、数名の農家の人たちとセンターに詰めていた。すべて白衣を着て一見、大学か大企業の研究所の職員のようだが、見た瞬間に誰もが確かに農家の風貌を感じさせる雰囲気の人たちばかりだった。

名刺交換はそこそこに由紀は穂刈の義父・沼澤に尋ねた。

「なにをされてるんですか?」

「あ、ちょっと、待ってな……」

穂刈の義父の沼澤は、大画面と手元の画面を確認してPCを操作している。どうやらロボットと交信しているらしい。ロボットからの通信に対応してトラブル処理した後、ゆっくりと由紀に笑顔を向けた。

「いやー、ロボットが聞いてくるんじゃ、それをチェックして答えてるんだわ」

「たとえば、どんなことを?」

「いまのはな。新手の珍しい蜂がいたんだわ。害虫でもないが、とりあえず吹きとばせ……って指示したんだわな。でもロボットは賢いわ。誰かが一度質問して指示したらそのあとは誰も質問せんとちゃんと正確に仕事しとる。どんどん進化するんだわ」

ロボットには学習能力を持つプログラムがあり一度質問して指示されたことに関して、二度と質問はなく対応してくれた。しかもネットワークで情報共有するために全ロボットが同じノウハウを持つことになる。

害虫の場合はアームが近づいて掃除機同様に吸引して捕獲、処分するポケットがある。さらに未確認の虫はカプセルに取り込み、ロボットが畑から研究室に持ち込まれた。益虫は放置、害虫ほどではない今回の蜂のようなケースは、コンプレッサからの高圧エアで吹き飛ばす仕組みを装着していた。

ロボットは夜間見守りも実施することから、病害虫の早期対策ができるために完全無農薬が可能になっていた。ほとんどの農家で農作物の実態は「減農薬」であって「無農薬」ではない。また、完全無農薬だと力説しても近隣の農家が農薬散布すれば確実に農薬の影響をうけるのが日本の狭小な農地での農業だった。

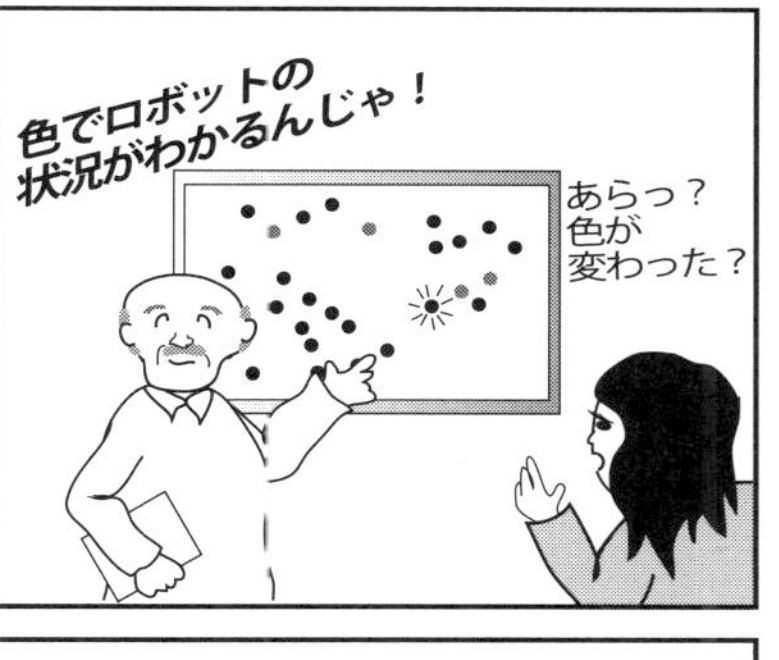

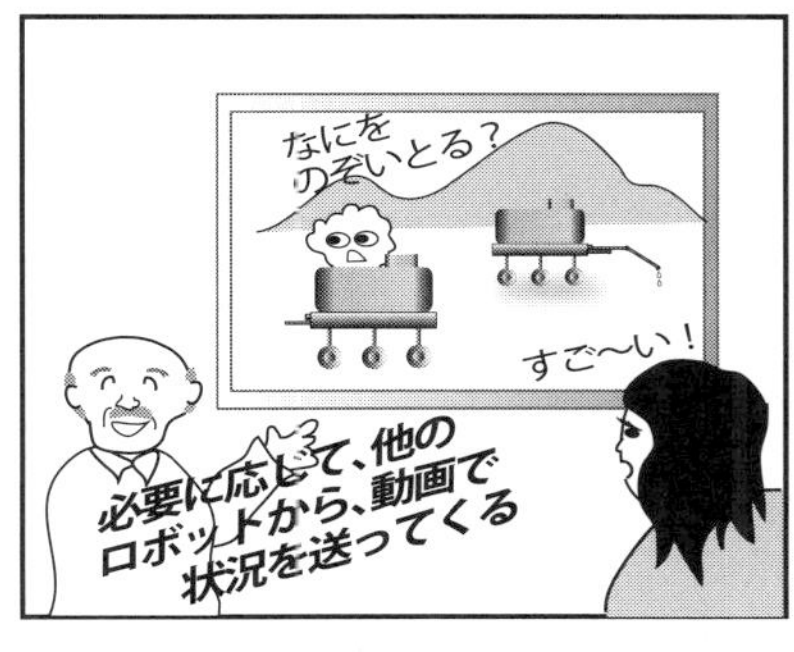

多様なロボット開発へ

根菜用ロボット開発など、多種多様の農業ロボット開発へ

沼澤農場では周辺農家にも積極的に協力を呼びかけ、周囲の農家もロボットの導入が始まり、結果的に完全無農薬となっていた。そうした実績がさらに評判となり、多くの雑誌、ことに女性週刊誌にとりあげられ、沼澤農場はじめ嬬恋村のロボット農家の出荷価格は一般のキャベツに比べ、高値で取引されるメリットを享受していた。もちろん他の作物についても同様だった。

穂刈は、由紀を別の部屋に招いた。上毛テレビの取材陣やカメラマンなども、ぞろぞろと入っていった。

「こちらへどうぞ、ここでは根菜類の全自動ロボットの実証実験をしてたのが、だいたい完成してまして農場でも実証実験がはじまってます」

由紀は、同じロボットに見えたので質問した。

「なんか、まったく同じですね。なにが違うんですか?」

穂刈は、ちょっといたずらっ子のような顔をして由紀に手渡したものがある。

「えっ、これダイコンみたいですが、なんか違いますね?」

由紀は泥のついたダイコンらしきものを持って不思議そうだ。

「そうです。ま、これはシリコン製でダイコンもどきのサンプルですね。育成させて実験していると時間がかかりますから収穫実験は、このシリコンのダイコンを使ったんです。ゴボウもニンジンもあるでしょ。あれもまったくサンプルです」

「えーっ！」

見た目には、まったく区別できない作物があちこちにあって由紀は面食らっている。

「ふつう、ダイコンの収穫はどうするか、わかりますか？」

由紀は、かいもく見当がつかなかった。

「ええ……、手でぎゅっと……抜くとか……」

手で抜くしぐさをしてみせたので、みんなが肩をゆすって笑った。

「ええ、まあ家庭菜園クラスだと人手で掘りますね。しかし、大規模栽培をしている農家では手掘りでは大変です。そのために機械化もすすみ、けっこうな大型機があります。掘りとり、葉切り、収納という段取りで収穫します」

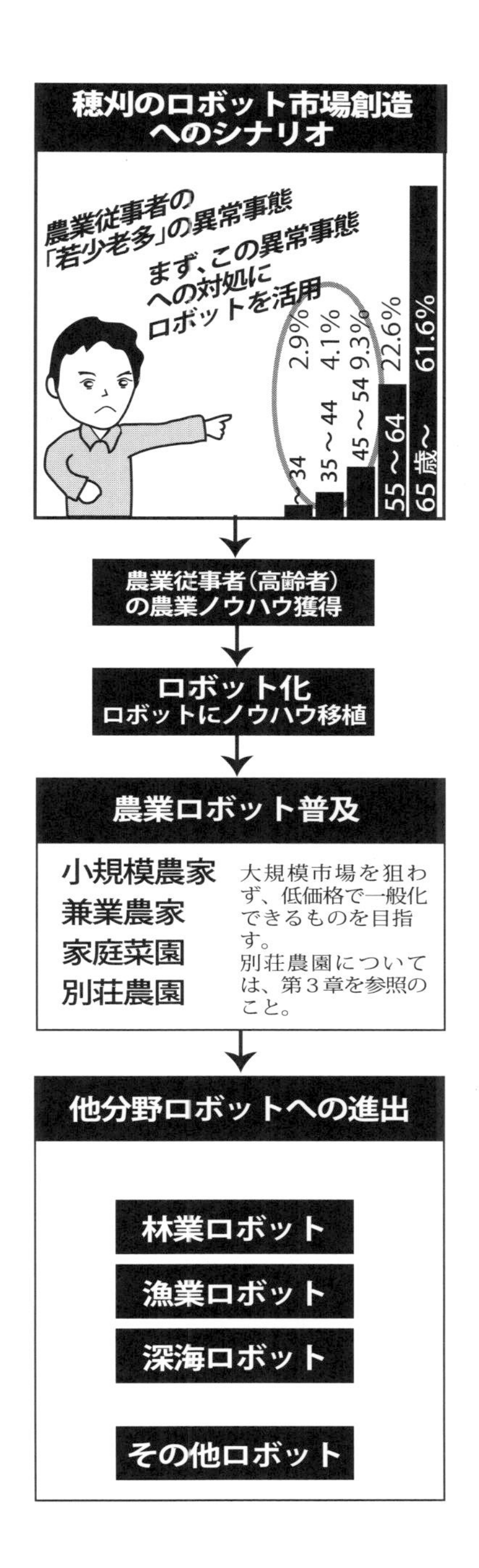

実家が農家ではない、ましてダイコンの収穫などを見たこともない由紀には外国語のような話ではある。

「収穫期になると畑に機械を入れて土ごとダイコンを掘るわけですが、これを「掘り取り」と言います。で、ダイコンが痛まないように葉っぱをつかんで機械のなかに入れて、そこで葉切り、つまりハッパを切ります。そしてダイコンは、コンテナに入れて収穫し、葉っぱは畑に戻して肥料にするわけですよ」

「ああ、そうですか……」

わかったようなふりをしているが理解にはほど遠い。

ダイコンやゴボウなど大半の農産物の収穫には本格的な専用収穫機がある。

だが北海道や青森県、千葉県などの大規模農家に利用される収獲機は相当に高コストで小規模農家への導入は不可能だ。その最大の理由は収獲期だけにしか使えない。

ダイコン農家などで大規模栽培はそう多くない。自家消費と近隣のスーパーや道の駅に卸すなどして他の作物も作っている農家や兼業農家の場合、そもそも大型の収穫機まで必要としない。そうした農家や兼業農家のほうが圧倒的に多いのだ。

ダイコンは数十センチくらい土中に伸び、太くて重い。収穫には体力がいるが若い人は農作業をやりたがらない。高齢者が作業をしているのが実情で後継者がいない。

こうした背景があるからこそロボットが必要なのだ。

穂刈は根菜類こそロボット化に適していると考え、ダイコン、ゴボウ、ニンジンのロボット化をほとんど完成させていた。群馬名物の下仁田ネギや、一般的なネギ、ラッキョウなども目途がほとんどたっていた。

また、ロボットは大半が基体（シャシー）は同じで作業アームなどが違う仕様となっており、キャベツ、ダイコン、ニンジンなども利用できるようしていた。

キャベツで成功した後は、根菜類を優先させていたが、泥田や水面下の作業を伴う蓮根だけは優先順位としては下位になっていて、まだ実証実験にはいたらなかったが、多種の農業ロボットは実現、また実現目前だった。

「由紀さん、私は、大型コンピューターがパソコンになったようなことをしてるんですよ」

農業ロボットの普及は、自動車やPCの普及と同じ

大きく変化する需要を受け入れるためには農業ロボットの低価格化

「ようするに、一般に普及するということですか？」

「そうですね。温暖化や異常気象、それに農業自給率が低いでしょう。それに輸入食品への不安もあり、TPPの話が進むと誰もが食料を心配する時代になるでしょう」

由紀も毎日のように温暖化や自給率ほかの問題については、さまざまなメディアから情報を得ているが、穂刈はその対策として農業ロボットが有効と言う。

「由紀さん、いま乗用車の世帯普及率はどの程度かご存じですか？」

ちょっと予期しない質問だったので由紀はとまどったが、すぐ穂刈が説明した。

「福井県がもっとも多くなんと100世帯で177台、群馬県は3番目で168台、1世帯平均2台近く持ってるんですね。実際、家族が多いと3、4台持つ世帯もあります。東京は2世帯に1台と少ないですが全国平均のデータでは各世帯が1台持ってます」

穂刈は立て続けに説明しながらPCの普及の話にも言及する。

「昔、70年代のころコンピューターは大型で大企業か大学の研究所にしかありませんでしたが、パソコンが徐々に低価格化して、いまでは誰でも持つ時代になりましたね」

「そうですね。コンピューターは一部の技術者しか使えなかったんですね。それがいまでは誰でも使ってます。もちろん私も毎日使ってます」

「そう、昔だと数億円した機械を、いま5万か10万円で買って誰でも使ってる。農業ロボットも誰もが欲しい状況をつくればいいんです。それを目指してるんですよ」

穂刈は、由紀がかなり理解してくれたことを感じたのか嬉しそうにして話している。

「由紀さん。来月取材してもらう『ラフォーレ村』は、もうすぐ50棟が完成し、毎週のように来て家庭菜園を楽しむ人達も増えています。年配の人は住みついちゃう人も出始めてますね。団塊の世代を中心にこの動きは全国的に拡大する気配があります」

「あっ、そうですね。来月は楽しみにしてます。4月の首都圏地震の後から申し込みが殺到したって聞いてますが」

地震については130ページに述べるが、幸か不幸かラフォーレ村は大成功となった。

「需要が爆発的すぎるので気にはなりますが、それは来月詳しくお話ししましょう」

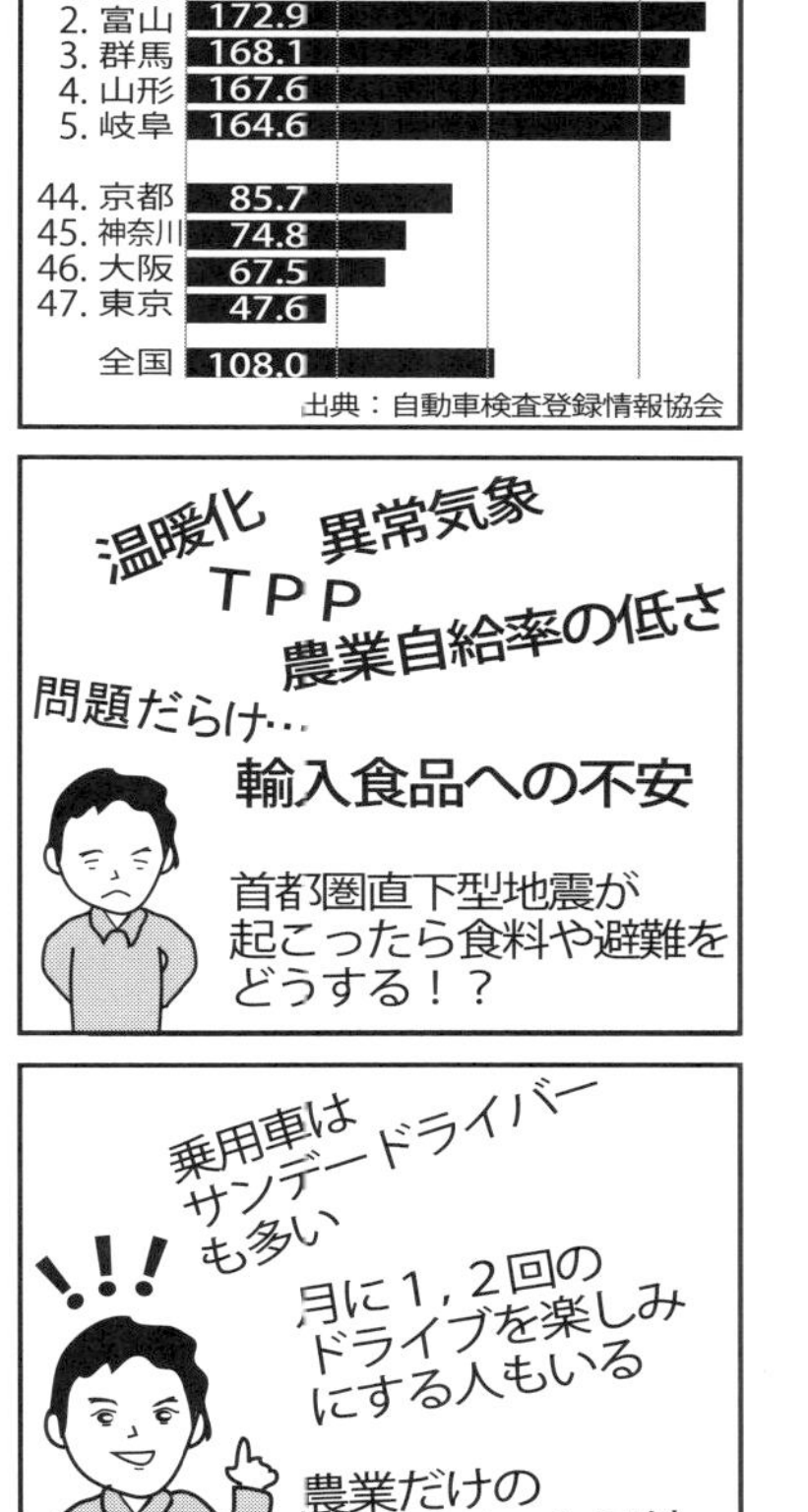

ロボットは、日本の農地に最適

千枚田など棚田は、商業ベースで大きく再利用される

日本は欧米の農地とは異なり、広大な平野で耕作しているケースは希だ。日本も欧米並みの大型農業を展開しようとした時代もあり、特色的には秋田県の八郎潟がある。当時、琵琶湖に次ぐ第2位の面積を持つ汽水湖・八郎潟は、浅かったこともあり大型農業のモデル地区として埋め立てられ農地となった。

ここでは、欧米の広大な農地に比較できる大規模農業が展開されているが、なにしろコメの需要は漸減傾向で昭和37年（1962年）に国民1人あたり118・3キログラムあった消費量は、いま半減してさらに漸減傾向にあるのだ。

また、長崎県の有明海に面した諫早湾は、潮受け堤防の開門、閉門でメディアで騒々しく報道されたが、本来、昭和20年代の食糧難時代に立案された干拓事業だったが、事後、米の余剰や漁業者の反対で水道用水確保や水害防止へと目的変更と規模も縮小されて干拓地と調整池が89年に着工されたものだ。

米の需要の減少に対して日本酒用のコメの需要は増え、健康志向の五穀米や蕎麦などの需要は伸びているが、こうした需要の変化に対応できていない農業事情がある。

耕作放棄された農地が埼玉県一県に匹敵するというのがそれを証明している。それでいて食料自給率が40％では農政はなにをしてきたのか疑問符もつく。

本来、平野が少なく急峻な日本の地形に、われわれの祖先は敢然と立ち向かい、懸命に田畑を開発し

てきたその努力には、ほんとうに頭が下がる。

その代表的な田畑が棚田だ。

傾斜地を切り開き、整地しながら作られた『段々畑』そして『棚田』などといわれる田畑は、農民の血と汗と努力でつくられた苦悩や苦痛とは逆にあまりも美しい。

そうした棚田が全国にあるが棚田は、生産性の悪さから耕作放棄地となりやすいが、伝統を残そうとボランティアに支えられているケースも多い。

千葉県大山千枚田はＮＰＯ法人の保存会があり、石川県輪島の有名な『千枚田』などもボランティアとオーナートラスト会員でなんとか守られているが、ボランティア頼りが中心になると、いずれ滅びるのは必定だろう。

■水田用ロボットで、千枚田など棚田の生産性が高まる

穂刈は、またこの棚田への農業ロボットに関する実証実験もはじめていた。

「由紀さん、千枚田をご存知ですよね」

いきなりの質問だったが千葉県鴨川市の『大山千枚田』にも行ったことのある由紀は、その美しさに息を呑んだことがある。

「いまはボランティアで運営されてることが多いんですが、まったく商業ベースにのりませんからスポンサーがいないと難しい。スポンサーは景気が厳しいと降りてしまいますから、観光化を目指して『棚田百選』などとやってますが、掛け声だけで存続は難しいでしょう。すると徐々に消えていきますね。これでは先人の努力がわれわれの世代が廃墟にしてしまうことになります」

穂刈の意味は十分に理解できた。

急に穂刈がいたずらっぽい顔になった。

「由紀さん、どうして『千枚田』って言うのか知ってますか？」

少し考えたが、ちょっと自信をもって答えた。

「たくさんって意味でしょ、田んぼを1枚、2枚と数えて1000枚とか、たくさん」

「違いますね。『狭い田』から来てるんですよ」

穂刈は思いっきりいたずらっぽく大笑いをした。

「えー、そうなんですか『狭い田』が『千枚田』に……」

ちょっと不満そうな由紀に、

「いやいや、どっちも正解ですよ。いずれにしても由来はあやふやですがね」

ちょっとふくれっつらをしながらも、レポーターとしての由紀にもどった。

「穂刈さんは農業ロボットを千枚田にも利用されようとしてるんですね」

「そうですね。石川県の輪島の白米（しろよね）っていう有名な千枚田があります。首相時代に小泉さんが行き『感動した！』じゃなくて『絶景だ！』と言ったことから『絶景千枚田』ともいいますが、ここは認定数で１００４枚あります。ウチの朝倉という役員が行ってロボット化をすすめてます」

穂刈は、石川県の能登半島の北にある輪島市の千枚田に起業時代からのスタッフで取締役の朝倉を送り込んでいた。

ま、まっ！
そんなことより
棚田は、段々畑の水田版で、階段状
に構成された水田のこと
棚田が広大に広がる場合に
「千枚田」と称するのが一般的

スタッフの朝倉義嗣の実家は石川県七尾市で、穂刈の大学時代からの友人だ。何でも織田信長に滅ぼされた越前の雄、朝倉義景の一族の子孫らしく、七尾に落ちのびてひっそり暮らして、徳川の時代になって名誉回復したらしい。

実家は兼業農家で農地も持っているものの、両親は農業にはまったく無関心だったそうだが、朝倉は農業に興味があり、穂刈とウマがあった。

しかも輪島の白米千枚田のオーナートラスト会員にもなっていた。秋の収穫期にはボランティアで農作業に出かけていたこともあり、穂刈のキャベツ用のロボットを持ち込んで水田用に改善して利用することを提案し、そのまま輪島の千枚田で実証実験に出かけることになった。

朝倉は現在、富山県の氷見市に居を構え、氷見市ではイノシシなどの獣害対策ロボットの開発を行うチームがあり、こちらの責任者も兼務し、氷見市長坂の棚田でも農業ロボットを導入して輪島の千枚田同様にロボット化を推進していた。

こうした棚田へはロボットが傾斜地を自走して上っていき水田に入り、耕し、種植えし、雑草をとって育成しては収穫までの作業をしてゆくのだ。

穂刈は、実に楽しそうに話している。

「輪島では実証実験も終わったので来年は20体のロボットを投入して、まず200枚くらいの棚田を管理する準備を進めています。米も世界の日本酒需要をにらんで日本酒用の米を栽培しますがね」

由紀は、感心しきりだ。

「どんどん進んでるんですね」

「千枚田や段々畑は、お年寄りには上り下りだけでも大変でしょう。そしてボランティアでは将来は確実に先細りします。やはり経営が成り立たないとダメです。そこにロボットを投入すると所定のプログラムに従って勝手に上り下りして作業し、段々畑も棚田も立派な農地になり、採算も合うようになるんですよ」

穂刈は、持っているスマホを取り出した。

「じつはスマホで管理もできるんですよ。……ちょっと待ってください……」

少しすると動画映像が出てきた。

「由紀さん、これが輪島の白米千枚田です。いまロボットに指示した千枚田の映像です」

由紀は、新しい農業に感動しきりだった。

■いま、農業革命のさなかにある……高齢化問題やその他の問題が劇的に変化の兆し

2010年を過ぎた頃から農業に変化が起こりつつあった。

基本的にはＩＴの導入だが、そのひとつが植物工場（野菜工場）で建設が続々と増え始めたのだ。09年から国の補助金がはじまったが、本格化のきっかけは12年に農林水産省と経済産業省が協力し、総額150億円の補助金を出して建設を促したことが、かなり大きかった。

東日本大震災による農地の塩害や放射能などへの対策としても推進され、植物工場は大手だけでなく中小や異業種からの参入やベンチャーの参入が続々と進出している。

ＪＦＥ（03年に川崎製鉄と日本鋼管が統合し発足）の子会社、ＪＦＥライフは、兵庫県三田市と茨城県つくば市に植物工場を運営し、栽培面積は合わせて約1万5000平米で日産3万株もの製造能力を持つ。

三菱電機などは90年代から研究をはじめており、付属の先端技術総合研究所では野菜工場だけでなく、室内やマンションの一室で栽培できる製品までこぎつけ、コラボ先の会社から発売している。

大和ハウスもレストランや飲食店むけに植物工場のユニットを発売している。

一方で以前よりもてはやされていた植物工場「フェアリーエンジェル」は、12年当初にプロジェクトを解散したりと、開発期にありがちな紆余曲折のあるのが現状だ。

とはいえ、土壌に依拠しない水耕栽培はきわめて生産性が高く、レタスなどは露地栽培に比べて半分の期間、40日以内で出荷可能となり工場内で栽培することから完全無農薬が可能となる。

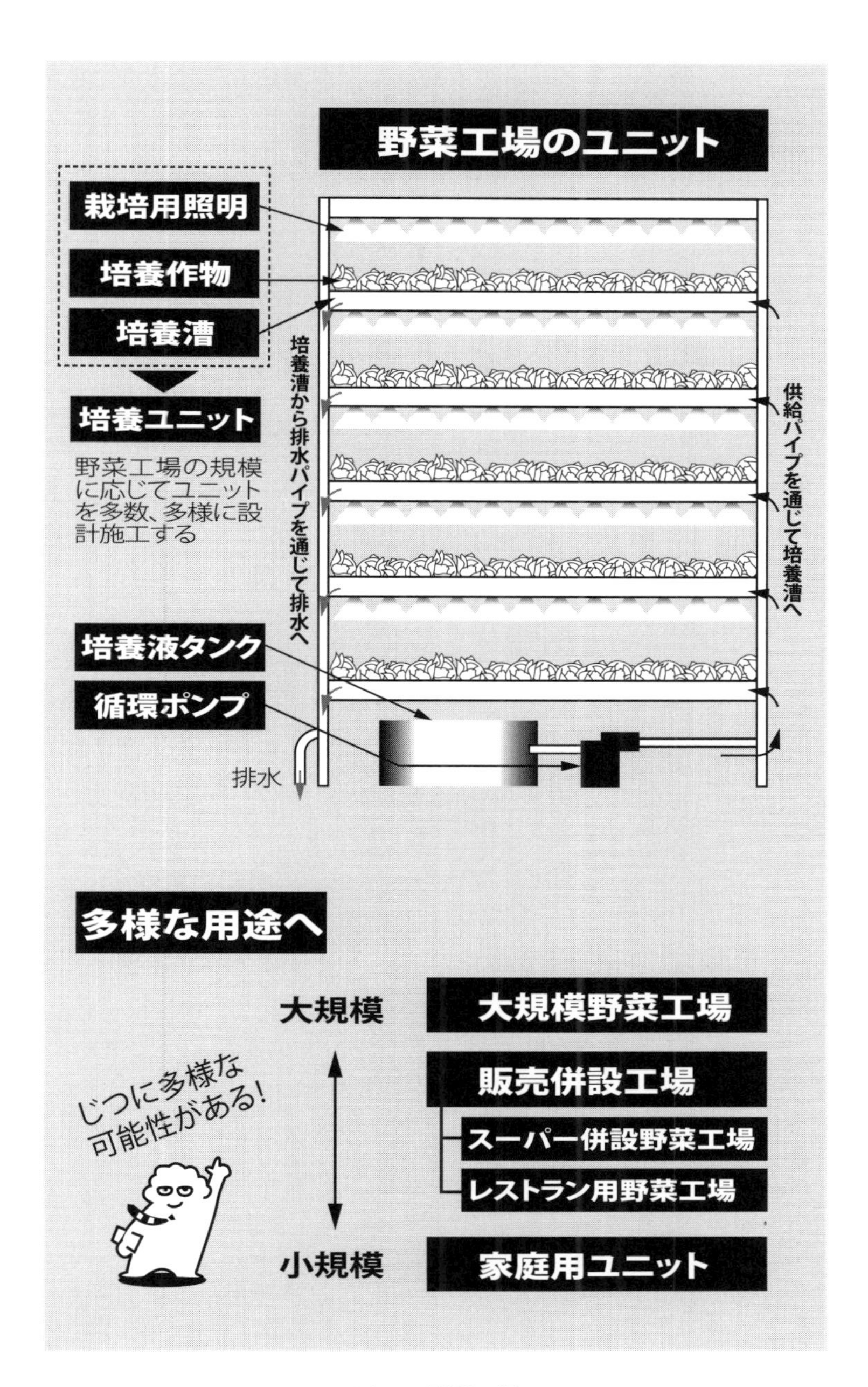
野菜工場のユニット
栽培用照明
培養作物
培養漕
培養ユニット
野菜工場の規模に応じてユニットを多数、多様に設計施工する
培養漕から排水パイプを通じて排水へ
供給パイプを通じて培養漕へ
培養液タンク
循環ポンプ
排水
多様な用途へ
大規模
大規模野菜工場
販売併設工場
スーパー併設野菜工場
レストラン用野菜工場
小規模
家庭用ユニット
じつに多様な可能性がある!

図 2-5. 野菜工場

これも２０１４年のノーベル物理学賞を日本人３氏の研究開発努力による青色ＬＥＤが本格量産できるようになったことが大きい。

その前に「ミスター半導体」と呼ばれた東北大の西澤潤一博士の業績も大きい。

ビニールハウスやグラスハウス、さらには完全人工光による工場も稼働をはじめている。

穂刈も植物工場への進出を一時的に考えたが、嬬恋村のあたり一面の広大な面積のキャベツ畑を考えるにつれ、むしろロボットに注目した。

それは露地栽培が圧倒的に多い日本の現実を考えた場合、農業ロボットが適していること、さらに階段状の千枚田などの狭い田畑の活用にも活躍できると考えた。

第３章

林業ロボット、漁業ロボットの時代

林業や漁業もロボット化で再生できる。日本には膨大な山林があるが、まるで活用していない。ここに**『国民皆別荘』**の場とするのだ。

首都圏に大震災が来れば、その避難所はどうするのか、東日本大震災を考えれば、その百倍もの避難所が必要となる。山林の楽しい別荘生活だけでなく、避難所にもなる。そして政府負担も減る仕組みを楽しく作っておこう。高齢者の資産を、地方各地に国民皆別荘時代を形成しつつ地方活性化を図ろう。

中山間地帯に別荘をつくる『国民皆別荘時代』の創造

荒れる山林を国民の手で守り、国民皆別荘へ

河原崎由紀をはじめ、上毛新聞と上毛テレビの合同取材チームは、穂刈のロボット農場を取材した1ヵ月後の2018年9月某日、『ラフォーレ村』に向かった。今回は、番組担当ディレクターの須藤昭彦も同行している。

嬬恋村のパノラマラインから茨木山方面へ入った林道沿いには、『ラフォーレ村』だけでなく、いくつかの大規模な山荘建設が行われていた。取材チームは4輪駆動のVANに取材機材を乗せてクルーが乗り込み、2台連ねて穂刈たちが深く関わる『ラフォーレ村』に向かっている。

農業ロボットを開発している穂刈は、山林ロボットの開発にも着手して『ラフォーレ村』で使っていることもあり取材に出かけた。

「須藤さん、先月の穂刈さんの『農業ロボット』の件は上毛新聞では記事にしましたが、大反響で他県の地方紙から取材協力依頼の話が続々来てます。穂刈さんのところにも取材依頼がずいぶん入っているようですね」

須藤は一面に広がる緑に目をやりながら、低く静かな声で応じている。

「そうだな、あれはいい企画だったたよ。新聞と連動して報道番組で簡単に流したが、あれも反応がよかったね。企画番組のほうはいま本格的に編集しているところだ」

「そうですね。来週くらいですか、企画番組は……」

「そうだ。それにしてもあの穂刈という男は若いのにすごいヤツだね」

由紀は、パノラマラインを走るVANのなかで涼しい高原の風を感じている。仕事で来ているのをちょっぴり残念に思いながら……。

須藤は、話を続けている。

「例の法律も、彼らがしかけたという話もあるよ」

由紀は「法律」と聞いて反射的に自分のレポートの気がかりを思い浮かべた。

「例の…って、あの『カンバツなんとか……』っていう法律ですね。あれはカメラの前で話すのはムリですね。誰かにカンペを出してもらわないと……あれは、ホント覚えられません……。う～ん、カンペ出してもらっても無理かも」

カンペとは、テレビ業界用語だがカメラ目線でレポーターやアナウンサーが読めるようにカメラのそばに出す用紙などだ。カンニングペーパーの略という説もある。

「ハハハ……そうそうオレだって無理さ。あれは局内のアナウンサーなら読まなきゃいかんかもしれんが取材だから『国皆法』でも『別荘法』でもいいさ。覚えられるわけがないよ、あの役所用語は……。それにしても役人は略して『国皆法』なんて言ってるが、よけいに意味不明になる。テロップで正式名を流すよう編集に言うから大丈夫だ」

テロップとは、テレビ画面の下に流れる文字のことだ。

由紀はそうとうに気持ちが負担だったらしく、ほっとした表情になった。

「そうですか、助かります。これからは『別荘法』でいきますね」

穂刈たちの『ラフォーレ村』は『間伐材利用推進山林活性化特別住宅建設推進法』、通称『国民皆別荘法(国皆法)』に基づくものだった。

由紀は取材資料を見ながら、この長ったらしい法案の正式名称を絶対にしゃべれないと確信し、どうしたものかと考えていたが須藤のひとことで一気に気が楽になった。

『別荘法』は、国民のすべての家庭が持つ気になれば別荘を持てる法案で2017年7月に施行されたものだ。東京は20年、オリンピックも控えて好景気が続き、さらに円安傾向は続いており輸出中心の大企業や上場企業は空前の利益を得ていた。その一方で地域の景気は下降気味で深刻だった。

『別荘法』は地域活性化の一環として農林省、経産省、総務省、内閣府地方創生本部のコラボで立案・施行されたが、趣旨は森林整備の一環として地域の間伐材や主伐材を利用して山荘建設を行った場合、別荘に固定資産税がかからず、ふるさと納税同様、都市で支払う住民税を一部、別荘建設地域の自治体に支払う法令が施行された。

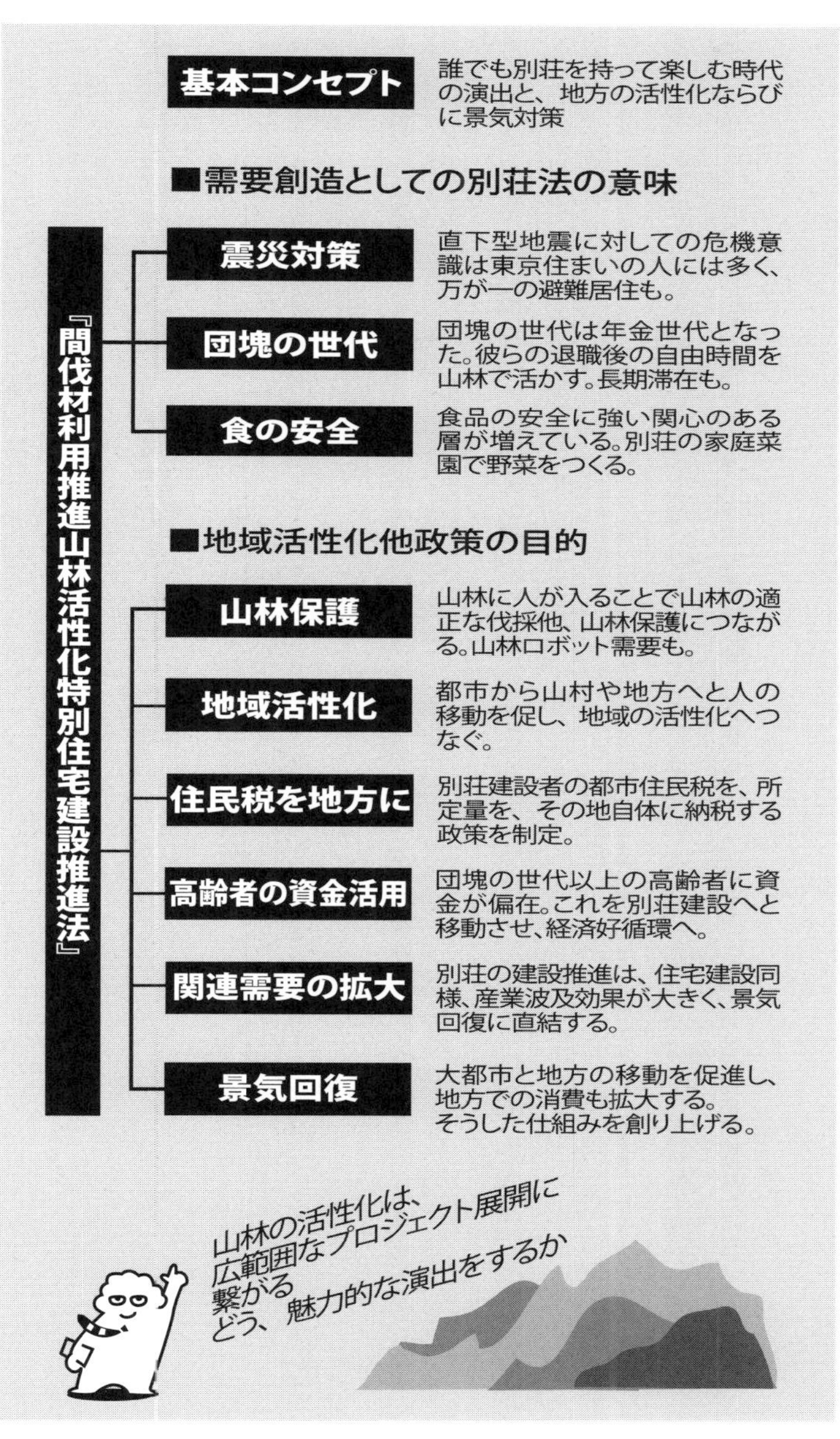

図 3-1. 別荘法の狙い

この別荘建設に都市住民が積極参加することで、大都市と地域の交流が生まれ、結果、地域の景気に相乗効果をもたらそうとしたものだ。

■『相続時精算課税』も適応する

さて嬬恋の『ラフォーレ村』に向かう車中の話にもどる。

「えーっと須藤さん、取材方針会議のときに出てたんですが、固定資産税がかからないのはわかるんですが、この『相続時精算課税』ってのがよくわかんないんですが?」

「ああ、この『別荘法』は税金に工夫がされてんだよ。別荘を建てるとお金がかかるだろ」

「ええ、そりゃあ大金が要りますよね」

由紀は、取材会議の際に取材内容がいろいろ多岐にわたっているために細かい法律的な情報まで押さえられていなかったので須藤に聞いているのだ。

「いま、お年寄りが大金を持ってるが使わないんだ。子供や孫が住宅を建てたい……って言ってもお金がない。その金を両親が出すと贈与税がかかるだろ。しかし、親が子供や孫の住宅資金を出した場合、これを贈与税がかからないようにして相続時に清算、つまりその時点でちゃんと計算しましょう……って法律だよ」

『相続時精算課税』は、子弟が住宅を建てる際に当然高額な資金がいるが、これを親が立て替えた場合に贈与税がかからず、親(被相続人)が死亡した際の相続時に相続税を清算するという税の先送りで2003年に施行され、順次、改正したものだ。

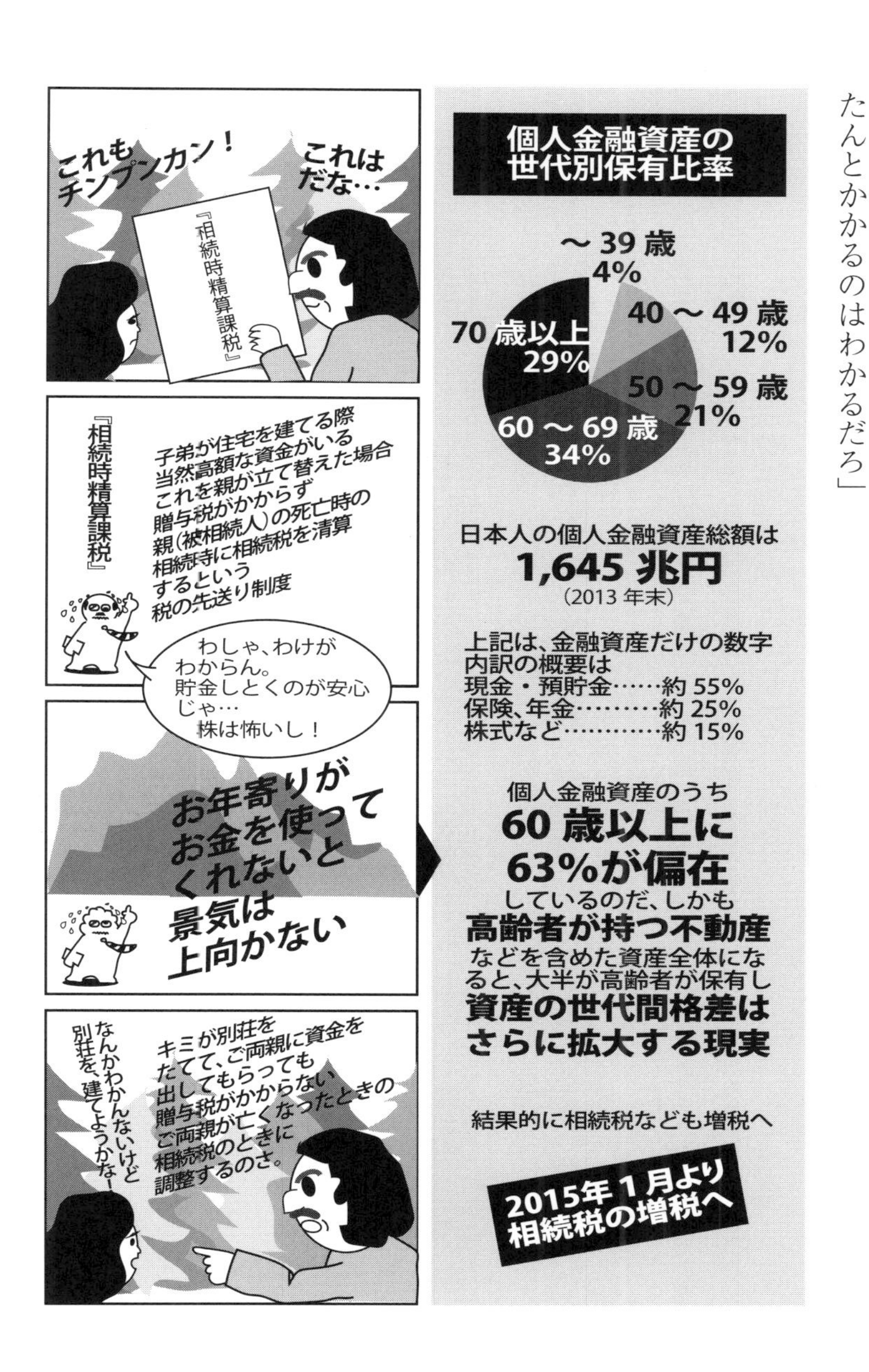

図3-2. 相続税

「えー、なんだか面倒ですね」

「まあ、キミのご両親の東京の自宅もいい場所にあるし、軽井沢にも別荘を持ってるから、相続税はたんとかかるのはわかるだろ」

「ええ、じつはこの夏、東京に帰った際に家族がそろったのですが『相続税』の話が出てました。なんだかややこしい話でしたね」

「ああ、ややこしいわな。で、『相続時精算課税』はだね。ようはキミが、この『ラフォーレ村』に別荘を建てるときに、もしご両親に資金をお願いしたら贈与税がかからないかわりに、相続のときに調整しましょう……って税金だよ」

「なるほど……手が込んでますね」

「とにかく国はだね、お年寄りにお金を使ってもらいたいのさ。日本は、お金は膨大にあるが使われない経済構造をしてる。なんせ高齢者が金融資産で約60％、不動産も含めると80％以上の資産を持ってるんだ。彼らは住宅も車も耐久消費財も持ってて、しかも「もったいない世代」だから、お金を使いたいものがないし使わない」

由紀は、両親とよく来ていた軽井沢の別荘を思い出していた。この嬬恋村からは、すぐ南が軽井沢で、そこへ向かう際に群馬を必ず通過して親しみがあった。そんなこともあって上毛新聞に入社したのだ。

「そっか、私も両親に頼んでみようかな」

「まあ、それもいいだろうが、自前で作っても最低２００万円少々で建設できる。10年ローンでも月に3万円もかからない。ラフォーレ村の基本モデルを見てみろ」

整備に関して下水道や電気、ガスなどのインフラ整備に補助金も用意され、ＤＩＹで建設すると最低２００万円少々で建設でき、かなり立派な別荘でも５００万円程度で建設できることから普通の人が別荘をもてる、まさに国民皆別荘時代と評判になっていた。ＤＩＹ（Do It Yourself）とは、自分でロッジや家具等を作ることを意味する。

政府としては、森林整備にともなうビジネスモデルの構築を政策的にすすめており、従来の補助金とは異なり、産業振興に直接影響をもたらす工夫が随所になされていた。森林整備のためには十分に生育した樹木の主伐や、樹木が健全に生育するためには間伐（間引き）などの伐採が必要になるが、従来は伐採コストが高く、需給バランスが悪い結果、山林が放置されてきたのだ。間伐材や伐採された原木がその地域で利用されるのであれば、輸送コストはかからずその分、低価格化する。

「須藤さん、私も別荘つくろうかな」

由紀は、かなりその気になっていた。パノラマラインから少し入った山合いの林道をのぼって行くと、誰かが手を振っているのが目に入った。

「あら？　穂刈さんじゃないかしら？」

由紀はウインドーをあけると身を乗り出して手を振った。

穂刈は『ラフォーレ村』の入り口から駐車場まで誘導してくれたが、広大な山間部というのに敷地内には乗用車や軽トラックが忙しく移動し、多数の人も入っている。

チェーンソーのような機械音がしたり、工具作業の音が響いてくる。大声や笑い声があちこちから聞こえたり、ザワザワと賑やかな雰囲気だ。

穂刈は妻の啓子も連れてきていて由紀とは和気あいあいの挨拶をしていた。

まずは『ラフォーレ村』の管理棟に入ると、初めて会う須藤と穂刈は、儀礼的に名刺交換してあいさつした後、撮影スタッフとともに撮影の段取りや状況説明をはじめた。

取材のフレームが決まると須藤と穂刈は、細部についてはお互いのスタッフにまかせて『ラフォーレ村』を一望にできるテラスに座った。

「どうぞ、コーヒーがなくて日本茶しかないんですが……」

穂刈の妻、啓子がお茶を出してくれてた。

「いやぁ、奥様ですね。新聞社の河原崎くん……あー、由紀ちゃんから聞いてます」

いままで笑顔らしい笑顔を見せていなかった須藤も、啓子の入れてくれたお茶を口に運びながら微笑んだ。一服すると、須藤は管理棟から見える『ラフォーレ村』を見やった。

「思ったより、なかなか賑やかですねぇ」

「そうなんです。ここには１００棟の準備をしました。発表後はそこそこでしたが地震のあと一気に完売しました。ほとんど東京や神奈川、埼玉の高齢者の方々の購入が多いですね。また周辺のエリアに10ヵ所くらい準備してますが、足りないくらいです」

須藤は東京オリンピックを2年後に控え、建設関係が人手不足の話が気になっていたので質問した。

「『ラフォーレ村』ではＤＩＹで建設する話は聞いてますが、ピンからキリまで素人でできるわけはないでしょう。建設関係のプロは足りてるんですか？」

穂刈は、いい質問だというかのように深くうなずいて答えた。

「地元の50代以上の大工さんは、まさか東京まで出稼ぎに行きません。十分に足りてるだけでなく住宅設計関連のフリーの建築家にはオリンピックは無関係で、自然志向のこだわり建築家が、続々と協力に入ってもらってますね」

内需拡大に大きな貢献、そして首都圏直下型地震の影響

高齢者が動き、経済波及効果は大きく期待できた

『国民皆別荘法（国皆法）』は、２０１７年7月に施行されたがプロジェクトの実施は林野庁の外郭団体が中心となり、準備は徐々に始まった。

穂刈らの『ラフォーレ村』のプロジェクトチームも積極的に協力してホームページづくりなど手伝い、ネーミングは『誰でも別荘ぐらし』として発表した。徐々に口コミが拡大し、メディア各社に何度か取り上げられ申し込みも多少増えていた。17年10月初旬には『ラフォーレ村』はモデル別荘なども準備が整い10月中に50棟近くの契約があり、年末までに70棟に増えたが、冬場になると客足は減っていた。とはいえ翌18年の3月から、契約者が『ラフォーレ村』に来て建設が始まる準備などが着々とすすめられていた。

そんなおり、**18年3月7日には房総半島沖でマグニチュード6クラスの地震が発生し、千葉県沿岸部は震度5、東京では震度4を記録**し、スーパーやコンビニでは商品が落下するなどの被害が起こった。時期が3・11にあまりに近く、多くの人達は東日本大震災を鮮明に思い出した。

■想定されていた規模より小さかったが、首都圏直下型地震の発生

その記憶も冷めない4月20日午後10時ごろ首都圏はさらに大きな地震に揺れた。

神奈川県藤沢市の地下を震源とする直下型地震が発生、神奈川県全域、伊豆や房総半島南部では震

度6弱、東京では東日本大震災以来の震度5強の大揺れとなり、落下物による死者も数人出てけが人は多く、多数の店舗で陳列物の落下による大きな被害が出た。藤沢から横須賀にかけて大規模な停電も発生、電車は一斉に停止し東日本大震災とは異なり夜になっていたため帰宅難民は当時より少ないものの、多数にのぼった。

この地震の震源は多くの人に衝撃を与えた。

関東大震災（1923年〔大正12年〕9月1日）の震源から真北にわずか80キロメートルだったため、首都圏直下型の地震が間近に迫っているようなイメージを与え、各メディアではこの話でもちきりとなり、さらに不安が増大した。

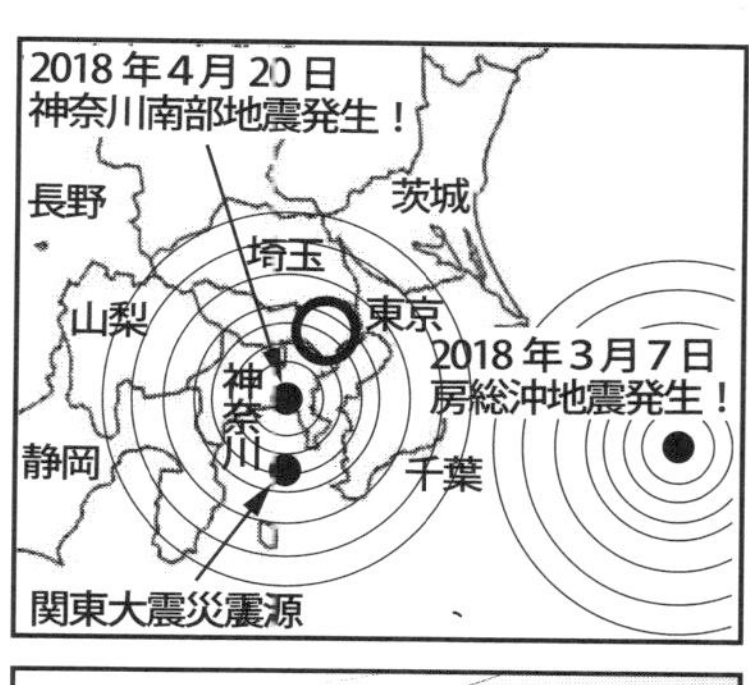

一部テレビが翌日夜の番組で東日本大震災時の避難所や仮説住宅の話を織り交ぜて2時間の特集番組を組み、避難所や仮設住宅をどうするか真剣な議論のなか、この『別荘法』に基づく別荘建設が、万が一の震災対策の避難先として大きく特集されたのだ。

この結果、『ラフォーレ村』にも嵐のような取材が来てメディア対応に追われた。『別荘法』に基づく『ラフォーレ村』など全国で『別荘法』対応のプロジェクトを紹介する『誰でも別荘ぐらし』には100万件を大きく超えてアクセスが殺到し、完全にパンクした。ホームページが復旧すると全国から、そして圧倒的に首都圏から続々と申し込みと問い合わせが殺到した。

■GDPを1%以上底上げされる試算も

ホームページ復旧後2ヵ月間で、申し込みとほぼ申し込む前提の問い合わせは実に200万世帯を超えた。この数字は全世帯5200万世帯の実に約4%にも上った。事後も続々と増え、供給はとても間に合うレベルではなかった。

民間調査では真剣に関心を持つ世帯は全国で約20%、首都圏では全世帯の40%に及んだ。直下型大地震の現実味を考えると一時的な需要とは考えられず、この申込者、問い合わせ者へ10年以上にわたって需給を調整できるかが課題となった。

年間100万戸の別荘建設であれば3兆円から5兆円程度が見込め、関連需要も含めるとGDPを1%を超え、2%近く押し上げる試算が出ていた。

『ラフォーレ村』も地震当日までには50棟少々が売れていたが、地震後に状況が一変した。ホームページの閉鎖中にも電話申し込みが急増し、回復後の翌日に完売どころか、完売告知をしたにもかかわらず、1週間後には購入申し込みが10倍の500件にも達し、さらに増え続けていった。

10年で10拠点程度をつくる事業計画は抜本的に上方修正する必要が出てきた。これは『ラフォーレ村』だけでなく他の地域でも同様だった。

政府、ことに内閣府地方創生本部は、喜びを隠せなかった。なにしろそのほとんどが地方への実需となるのだ。

従来の地方創生へ、それまで『政策』を掲げても実態は動かないため、地方創生『静策（せいさく）』と何も動かない策、あるいは『逝策（せいさく）』と逝去の逝の字をあてて、死んだ策と週刊誌などでは揶揄されていたのだ。

■震災対策住宅として、期待が高まる

この『別荘法』の背景には山林整備だけでなく、もともと震災対策の避難所の先取り政策としての期待も大きかったが、震災対策を前面に出してのプロジェクトは国民に危機感を煽りすぎるという専門家の声も多かったため、ホームページやパンフレットには、他のテーマより控えめに提言されるに留まっていた。しかし誰もが東日本大震災後の避難所や仮設住宅の話はリアルに知っていた。

家屋が倒壊や津波被害、火災による焼失など被害にあった人たちが、体育館などの避難所で長期間厳しい生活を強いられ、その後の仮設住宅での生活も、決して快適なものではなかったことを知らない人はいない。とくに高齢者には不安が拡大した。

それに対し自分の好みで自らつくった別荘なら、万が一の災害の際に愛着のある自分の別荘で生活できるのは、ストレスのない災害避難所として考慮されていた。

関東大震災から80年以上経過している。東京直下型地震は70年周期とも言われ、いつ起こってもおかしくない。この首都圏直下型地震後への対策としても最適な対策としても考慮されていた。

マグニチュード7クラスの東京都区部直下地震の被害想定は、地震火災による焼失が最大約41万棟、倒壊等と合わせ最大約61万棟（「中央防災会議首都直下地震の被害想定と対策について」最終報告・平成25年12月）と予測され、避難所が必要な人たちは数百万人に及び、避難所が確保できても長期的な対応は困難となるのは必定だ。

そして4月20日にまさかの首都圏直下型地震があり、『別荘法』による別荘需要を爆発的に押し上げることとなった。

当面は２つの広域なエリアを想定していたが、地震をきっかけに膨大な需要が発生し、首都圏近郊の２エリア以外も急遽準備がすすめられた。

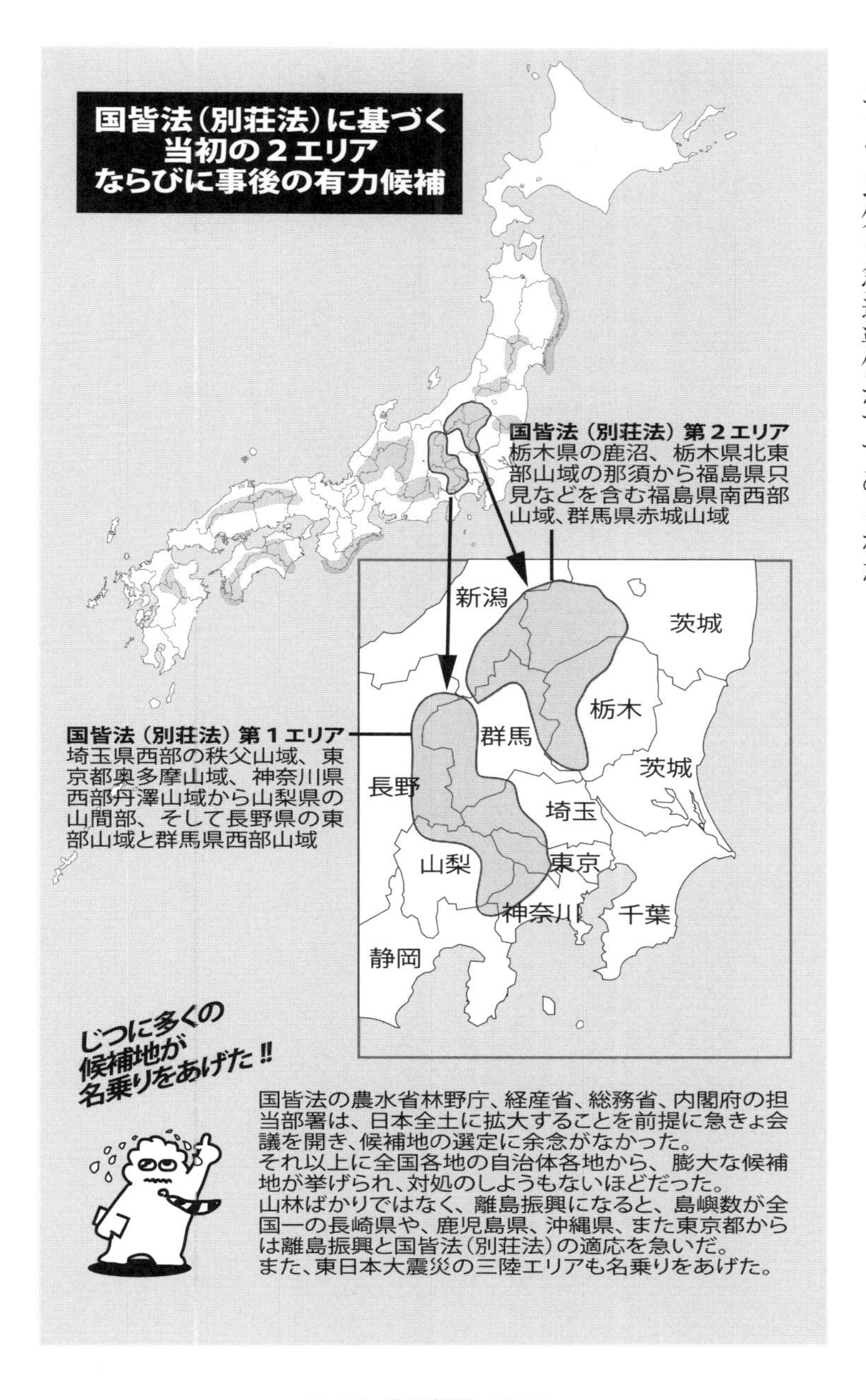

図 3-3. 地震対策エリア

熟年層、高齢者層の活発な需要を引き出す

高齢者の老後の楽しみを徹底演出する『ラフォーレ村』

さて、取材に来た由紀やディレクターの須藤の話にもどる。

テレビクルーは所定の位置について取材を開始した。

由紀は『ラフォーレ村』のテレビ用のレポートをはじめた。

「みなさまご覧ください。あちこちで別荘建設の作業がすすんでいます。この『ラフォーレ村』は約50棟が完成しており今月で70棟を超え、11月末までに100棟すべての建設は完了予定です。これは4月の神奈川南部地震のあと一気に完売し、現時点では1000件近い予約が殺到している状況で、第2、第3の『ラフォーレ村』の準備にも入っています。大変な状況ですね。『別荘法』はそもそも首都圏直下型の震災にそなえて事前準備しようとする目的もあって進められてきたものですから、**今年3月と4月の地震はある意味で『ラフォーレ村』などの存在意義を非常に明確にした結果**となったようです」

由紀は、マイクを穂刈にむけた。

穂刈への2度目の取材であり、お互い人柄もわかってきていて最初の取材に比べると、由紀はずいぶんリラックスし、落ち着いてインタビューしている。

「穂刈さん、この『別荘法』のプロジェクトは穂刈さんが政府に働きかけたというウワサがあちこちから聞こえてきますが……」

「いや、そうではありません。日本の、ことに地方の景気回復への皆さんの努力の結果だと思いますよ」

穂刈は否定したが、実際には彼の動きによるところは大きい。

「それにしても『別荘法』による申し込みは地震後の5月初めで２００万件と爆発的に増えたようですが現在、『誰でも別荘ぐらし』には７００万世帯以上が、申し込みか申し込み前提の真剣な相談があるようですね。たいへんな数で国民の関心の高さはすごいですね」

半年で７００万世帯が建設希望であり、これが現実になると景気への影響は大きい。

メディアでは『別荘バブル』などという用語が新聞や雑誌の紙面やテレビに飛び交っており、住宅設備機器関連や家電関連の株式が急騰していた。それは別荘にも家電や住宅設備が入ることは当然であり市場はリアルに反応した。

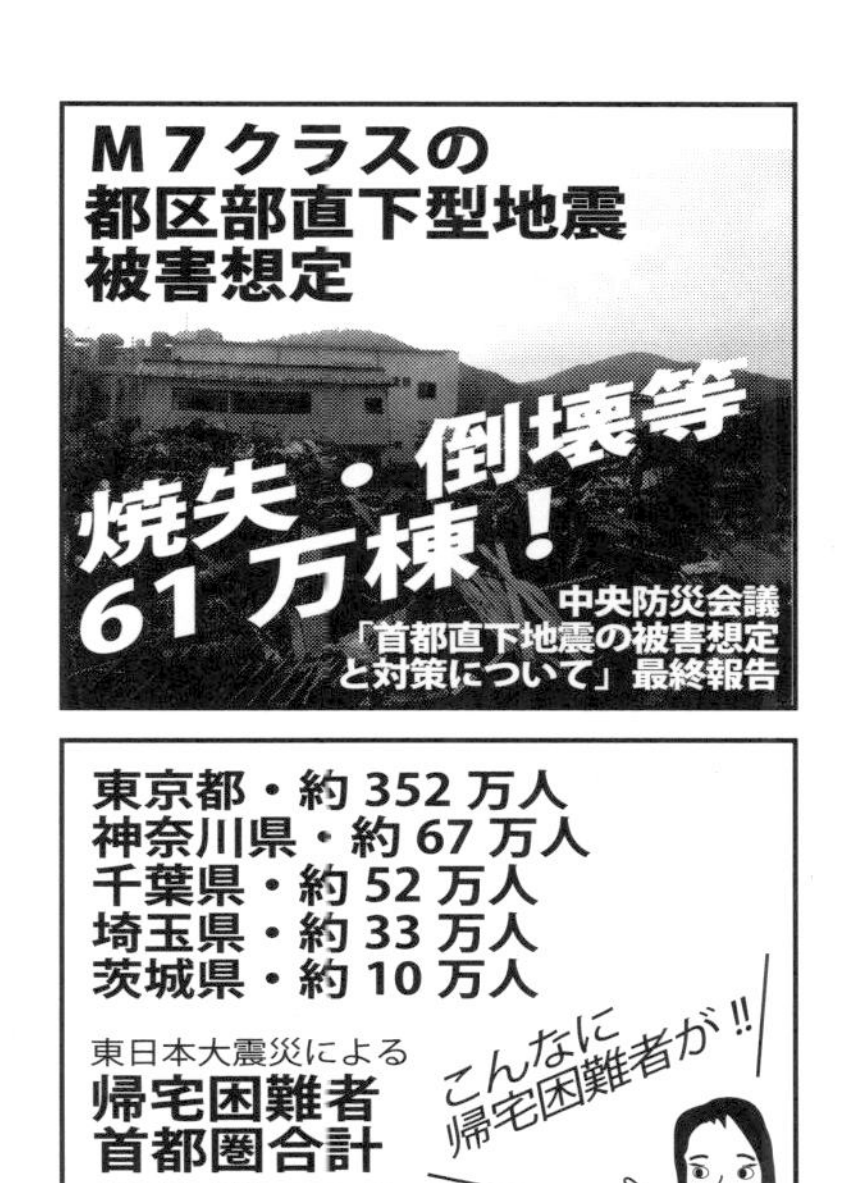

地方の、全国各地の工務店などは、オリンピック需要に無関係どころか逆効果だった。工務店の従業員は建設関連技能があるため、オリンピック需要の人手不足に高値で東京にスカウトされ、開店休業状態になる工務店は多かった。しかし、別荘建設に際し、関連需要やＤＩＹの支援業務などの業務が増えることから活気をとりもどしたのだ。

「実はいま、『別荘法』によらない高額な別荘にも、動きが出ているようですね。『別荘法』の影響で、高額所得者が『別荘法』に無関係に避難所兼別荘暮らしを考えてるようです」

「そうなんですか？　しかし、すごい動きになりそうですね」

■神奈川南部地震の結果、熟年層、高齢者が大きく動き、地方活性化が見え始めた

熟年層、高齢者は耐久消費財を多数持ち、貯蓄指向でお金を使うことが少ないのが日本経済の問題だったが、これらの人達が動き始めた。

4月20日の「神奈川南部地震」が大きな引き金になったが、『別荘法』による受け皿が明確にあり、メディアが大々的に報じたことから国民は具体的にイメージできた。

『別荘法』の認知度は80％に達する信じがたい高さとなり、国民のほとんどが知ることとなり、関心は高まっていったのだ。

もちろん団塊の世代以上の高齢者を中心に具体的な動きは大きくなっていた。

由紀は、インタビューをすすめている。

「今回の爆発的な需要を穂刈さんはどうお考えですか？」

穂刈は用意したフリップをテレビ画面にむけて取り出した。

「基本的には震災対策に尽きますが『ラフォーレ村』へ入居の方のご意見を整理しました。数字は複数回答ですね。それとアンケートだけではなく面談調査もしてますが、ご説明しましょう」

フリップには以下が示されていた。

・**避難住宅**……震災対策としての避難住宅（１００％）
・**家庭菜園**……安全な食料の確保と、家庭菜園の楽しみ（65％）
・**趣味のくらし**……別荘建設以外に家具製作他の楽しみ（43％）
・**コミュニティー**…同じ楽しみを持つ人たちのコミュニティー（30％）
・**田舎に転居**……都市から田舎に転居したい（22％）

首都圏の高齢者の場合、数百万円の建設資金など大きな問題ではない。高齢者の預貯金は平均ですら３０００万円以上あり、首都圏の高齢者は５０００万円以上の資金を持つ人はごく一般的で1億円以上の金融資産を持つ人もそれなりにいる。

穂刈は、由紀に真剣な視線を向けた。

「震災対策が１００％とデータを観ればその通りですが、背景にある一番大きいもの……というか深層心理は、なんだと思いますか？」

由紀は、突然難問をふられた雰囲気になり、もう穂刈に聞くしかない。

「まったく見当がつきません」

「魅力があれば数百万円の資金は苦も無く出せる人達は多いんですね。避難住宅としての需要はもちろんですが、その背後にある最大の理由は**震災時に孫たちに危ない目をさせない、苦労させない**というものでした。お孫さんへの愛情はもう、無私の愛情ですね。データに表現できません」

穂刈は、さらに続けた。

「興味深い傾向もあるんですよ。これは驚きました。20代、30代の若い人達の間に、東京から転居したい人も多いんですよ」

由紀は穂刈が転居と言ったのは言い間違いなのかとも思って尋ねた。

「別荘に時々来るのではなくて、こちらに住んじゃうってことですか？」

「そうなんです。転居です。農業を手伝ったり木工などの工芸品を造ってネットで売り、田舎ぐらしをしたい。現金収入にあまり関心のない若い人が意外と多く、それに高齢者の両親や祖父がお金を出すケースも無視できません」

　ふるさと納税と同様の措置がとられ、別荘建設した地域へ所定の住民税を支払うことから、地方創生にも好影響を期待され、ほとんどの人口減少県や市町村は、こぞってこの『別荘法』への期待をよせ、大きなムーブメントになっていった。

　結果的に地方の住宅・建設業もかなり潤うことになり、オリンピック特需にわく東京以外の各都道府県も大きな期待が寄せられた。

　もちろん主たる目的の間伐材を活用することにより、また人工林の主伐対象となる木材を利用し山林整備を目的としていた。

各都道府県の直下型震源で
震度５弱以上のない府県

東北・青森県　山形県
関東・群馬県
中部・富山県
近畿・滋賀県　大阪府
中国・岡山県
四国・徳島県　香川県
　　　愛媛県　高知県
九州・福岡県　佐賀県
　　　長崎県　宮崎県

■スマホでロボットに指示し、足りないものをチェック

震災で需要が爆発したが、熟年層や高齢者層に、ゆとりある時間の過ごし方として山登りやトレッキング、山村生活などをする人が多いことにも着目していた。

退職してできたゆとりの時間を家庭菜園などの作業で楽しむ人も増えていた。東京都区内の家庭菜園では、希望者がキャンセル待ち状態で埼玉、神奈川なども同様だった。自給自足への需要が多いことに着眼し、菜園つきの山荘生活をしてもらう需要開発を構想した。調査では熟年層や高齢者層のみならず若い人にも、好評だった。

『別荘法』は、こうした市場の活性化を視野に入れ、震災対策、森林整備と相乗効果をもたらす政策として制定、施行された。

「皆さんの消費行動は面白いですよ」

建設現場を紹介しながら穂刈は解説をしている。

「高齢者の皆さんは非常に元気な人が多く、ウチの『ラフォーレ村』は全棟に家庭菜園がついてて、若干の管理費をもらって農業ロボットも提供してます。これも前に取材してもらった沼澤農場の管制センターで管理してますが、スマホやタブレット対応もできてます。これが高齢者だけでなく、仕事で忙しいご子息世代にも人気です」

「えー、ここにも農業ロボットがいるんですか?」

家庭菜園レベルへのロボットは低価格タイプを開発し、兼業農家や大都市周辺の家庭菜園にも利用できるよう設計・開発されて量産体制に入っていた。

「そうです。息子さん世代は手慣れたものですね。たとえば東京を出発してロボットにスマホで連絡すると、ロボットが家庭菜園から収穫して待ってくれる仕組みもできてます。だから別荘で「すき焼きしたい！」ということなら息子さんご夫婦、お孫さん、それに山荘で待ってるご両親の人数をスマホで指定すると、下仁田ネギとか人参とか必要なものを収穫して別荘の所定の場所に持って行ってくれます。で、足りない材料もスマホで教えてくれるんですよ。するとふもとの道の駅などで買ってくるようにちゃんと連絡もしてくれます。牛肉とかはさすがに山の中には売ってませんからね」

「へえ、農業ロボットでそこまでやってるんですか！　すごいですね」

「それにね。ロボットが冷蔵庫を開けて、画像か動画で送信もしてくれます。調味料とか細かいものも見ることができますね。管制センターと連動してますが……」

由紀は、驚きの表情をしてほとんど言葉にならない声を発した。

荒れる山林対策

山林は荒れているが
林業ロボットの本格稼働の時代へ

穂刈たちは林業ロボットを、この『ラフォーレ村』で稼働させていた。

各地の『別荘法』対応の山荘建設には欠かせないため、林業ロボットの開発もすすめ、実証実験もほぼ終わりに近づいていた。

日本は、先進国の中では世界有数の森林を有するが、実態はほとんど放置状態の荒れっぱなしであり、だからこそ林業ロボットの出番は多い。

日本の国土は、森林が占める割合が3分の２（68・２％）に達するという広大な森林を持つが、こうした例は先進国ではスウェーデン（66・９％）やフィンランド（73・９％）など北欧くらいだ。国土が広大で人口が少なく森林が多いと思われがちなカナダ（33・６％）、ロシア（47・９％）などは意外に少ない。北極圏ではツンドラなど森林も生えないエリアも多く意外と草原も多いせいだ。

参考までに米国（33・１％）、中国（21・２％）もそう多くない。

世界平均は30・３％で、いずれも国際連合食糧農業機関（ＦＡＯ・２００５年）の報告だ。林野庁調査では日本の森林面積は67％となっている。

森林は国土保全に重要な役割を担い、雨水を維持するダム機能も持ち、豊かな水源になり、さらには河川となって海に注ぎ、山林のミネラルを海に運び良質なプランクトンを育成するなどして近海漁業にも好影響を与えるなど計り知れない機能を持つ。

近年、日本各地は歴史的な豪雨などに襲われ、山林が崩壊する土砂災害も多くなっているが、森林の多様な機能を維持するには山林整備が必要だ。

とくに日本の森林は人工林が多く、森林全体の40％に達し、植栽、下刈り、間伐等の地道な取り組みが必要で、間伐など手入れの必要なものも多い。

森林整備の作業段階

地拵え 伐採（主伐）跡地の雑草などを除き、育成しやすい環境を整える。

▼

植栽 苗木を植え付け、植栽木を揃え、田畑で作物を栽培と同様に育成。

▼

下刈り 雑草木や灌木を刈り取って植栽木に日光があたるようする。

▼

除伐 不要な雑木や、育ちの悪い植栽木を除き、植栽木を育てる。

▼

枝打ち 植栽木に枝が増えると育成に悪いため、適宜、枝を切り落とす。

▼

間伐 植栽木を一定に伐採して立木密度を調整し、森林の育成を促す。

▼

主伐 本格的な木材として利用できるレベルに育つと伐採し搬出。木材に利用。

図 3-4. 森林整備

日本の木材の現在の木材蓄積量は約49億立方メートルに及ぶ膨大なものだ。人工林は間伐等の必要な森林が多いが、高齢な樹木も増えており、本格的な伐採（主伐）をして出荷できる段階のものが多い。つまり間伐が間引きして他の木材の成長を促すものなら、主伐は、本格的に木材資源として利用できる段階のものだ。

森林の多面的機能を維持・向上するためには図示のような「森林整備」が必要だが、本格的な森林整備をしてこなかった実情がある。

戦後の焼け野原の再建に木材を大量に使って植林をしたものの、その後の高度成長期には輸入材とのコスト競争に国産材は勝負にならず、勝てなかったことが大きい。

日本の森林面積は大きく林業を成長産業へと育成するためには、従来の政策以上に構造的な仕組みをつくり、低コスト化を図って安定的効率的に原木を供給できる体制が必要だが、ここにもロボットは大きく貢献できるのだ。

■荒れる山林にロボットで対応……山林ロボットは、地域産業活性化の特効薬……

山林の伐採は人が入れば人件費がかかる。

穂刈たちは森林整備にロボット導入を積極的にすすめており、農業ロボットと同様に全自動型の山林ロボットを開発していた。また別荘法に提供すべきロボットは以下のようなものが準備されていた。

先の図３‐５に対応させた図だが、山林ロボットには4種類あり、それぞれ役割は図示通りだが、製材ロボット以外は全自動として山林に入るなどを前提とした。

もっとも山林の場合には、林道を通過する際の法的整備などもすすめる必要があり、さらに山林では電波が悪い場合には、無線中継車などの準備も必要となった。

また、山林の傾斜地を上下するために農業ロボットと異なるものを開発した。

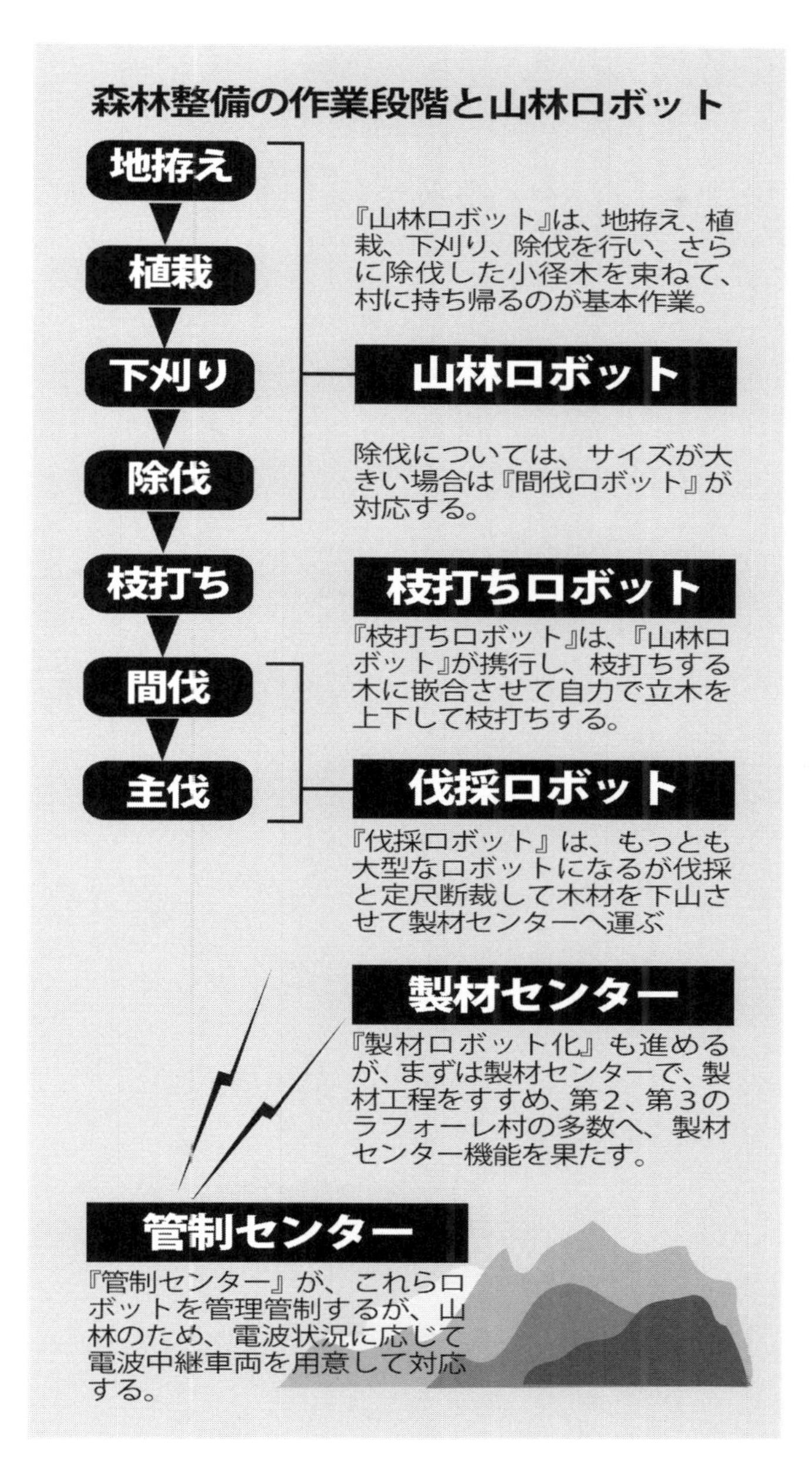

図 3-5. 山林ロボット関係図

特殊なロボットとは、ロボット開発者にはそう珍しいものではないが、6足ないしは8足ロボットをシャシーの下部に用意して水平を維持しながら山林を上下可能にした。

キャタピラや独立懸架型の6輪8輪も検討したが山林が急峻で岩石や土壌や植生、落ち葉などが複雑にからむ状況で、もっとも安全性を確保できるとの結論からだった。

基本的に前ページに図示したように『山林、枝打ち、伐採、製材』とロボットがあるが、枝などを収納して下山するには、圧縮してコンパクトにする程度の機能しかなかったが、通常の都市で利用されるゴミ圧縮機能と同等の機能を持つロボットも開発中だった。

図示は簡単な表現だが、ここでも農業ロボット同様に作業に応じてコンテナを変え、作業アームも代えて入山、下山をする手筈だ。さらに全方位360度をセンシングできるセンサーなど多数のセンサーを組み入れ、農業ロボットより複雑だ。

ロボットの足は多軸（多関節）構造で、これで複雑な山林の地面に対応した。図示の山林ロボットは8足ロボットだが、すべて表現すると煩雑になるきらいがありすぎるために、表現上4足で表現し、作業アームについても1腕（アーム）しか表現していない点は考慮いただければ幸いだ。

図の下部に表現している『枝打ちロボット』は、現実には各種の類似製品が使われている。図示のように枝打ちする木の幹に、リング状（環状）の機械をはめて、幹に固定し、そのまま上下動、回転動しながらのこぎりで枝打ちをする。

『ラフォーレ村』の山林では、この枝打ちロボットを山林ロボットが山腹に運び、着脱をも行う仕組みにしたのだ。

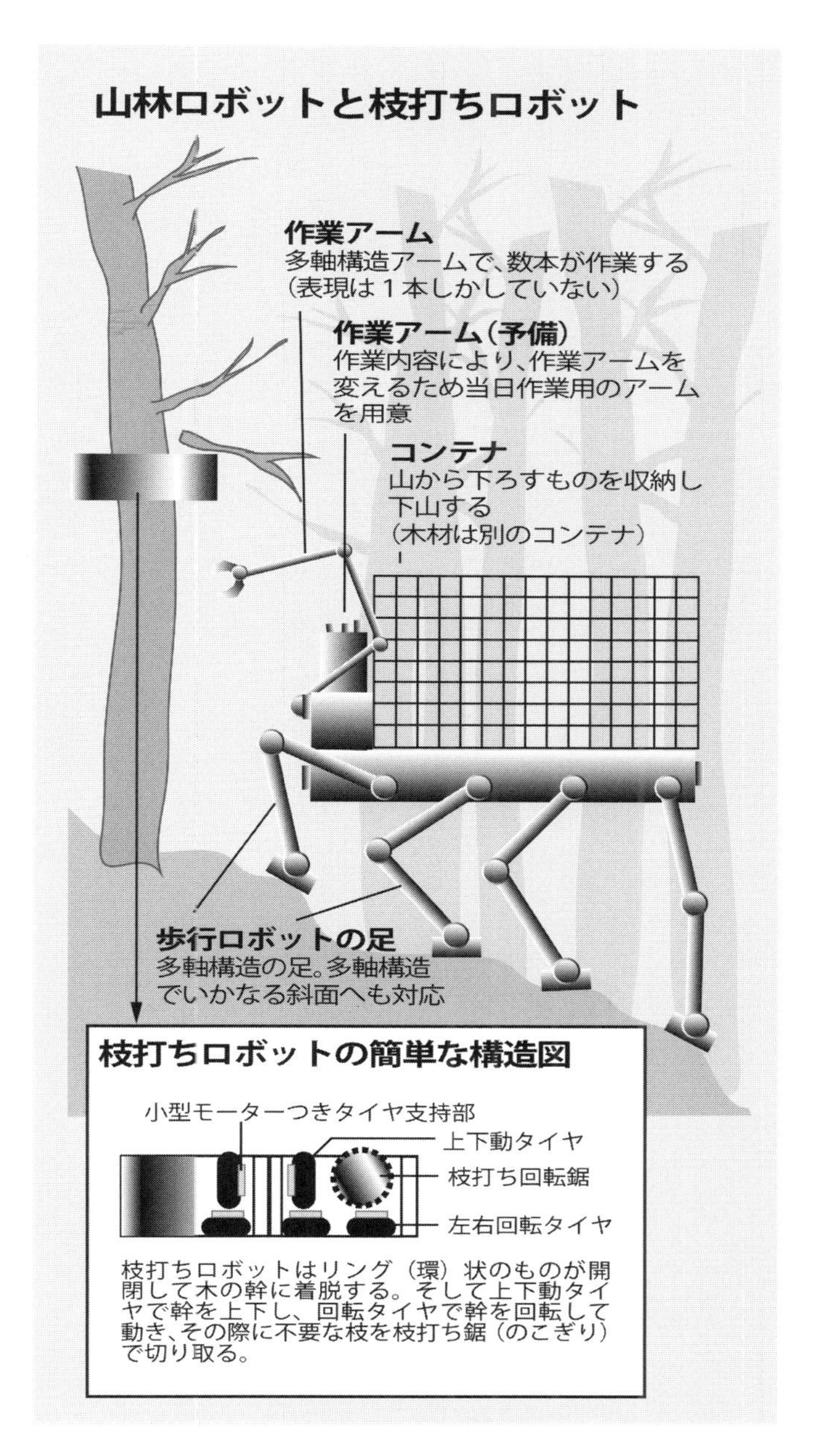

図 3-6. 山林ロボット

間伐や主伐を行う『伐採ロボット』も開発されたが、これは管制センターから特定された樹木に向かってロボットが入山し、切り出す。電波状態が悪い状況では、中継車に同じ機能を持たせて麓から、ないしは林道の中継車から指令し、伐採ロボットで切り倒し、下山搬送する。

長期的に山林文化を発展させる仕組みも用意した

山林生活を最大限楽しくする

さて再び由紀や須藤との場面に戻る。

「実は、面白いイベントもやる予定です。地震だけによる一過性の需要にしてはいけませんし、山林生活が楽しくないと人は来ませんし続かないですからね」

穂刈は『別荘づくり大賞』というパンフレットを提供するのと同時に、そのホームページをプロジェクターで見せてくれている。

「これはですね。別荘の利用権を購入した皆さんがどんな別荘をつくるのかを楽しみながら競ってもらおうというコンクールです。楽しそうでしょ」

由紀も須藤も見入っている。

「別荘作りをイベントにして、さらに楽しくするわけですね」

「そうそう楽しくやりますよ。上毛さん、スポンサーになってくださいよ」

穂刈は笑いながら提案したが、須藤はニヤリと笑った。

「ま、局に持ち帰りましょう。『ラフォーレ村』のドキュメントをとっておけば、全国の各局に高く売れるかもしれない。すると大丈夫かもね。でも穂刈さん、ドキュメントはＪＨＫさんあたりから打診されてんじゃないの？」

穂刈は、案外いい反応をしてくれた須藤に両手を広げておどけるように答えた。

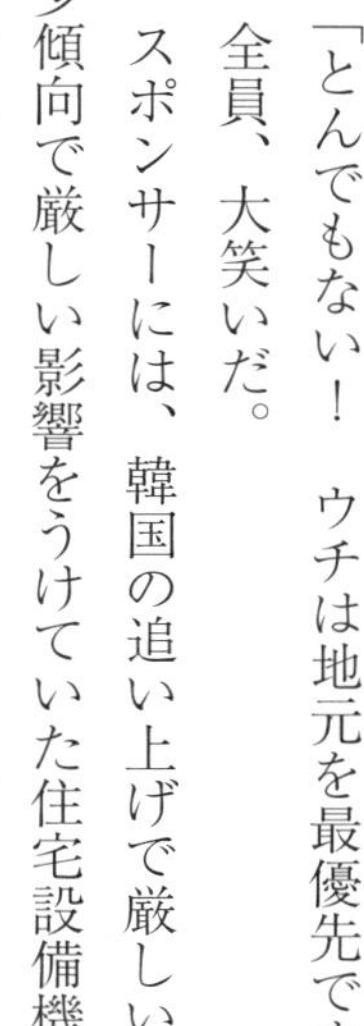

「とんでもない！　ウチは地元を最優先ですから」

全員、大笑いだ。

スポンサーには、韓国の追い上げで厳しい冬の時代だった家電メーカーや住宅着工数が減少に次ぐ減少傾向で厳しい影響をうけていた住宅設備機器メーカー、さらには新しいライフスタイルが提案できる自動車メーカーなどが名乗りをあげていた。

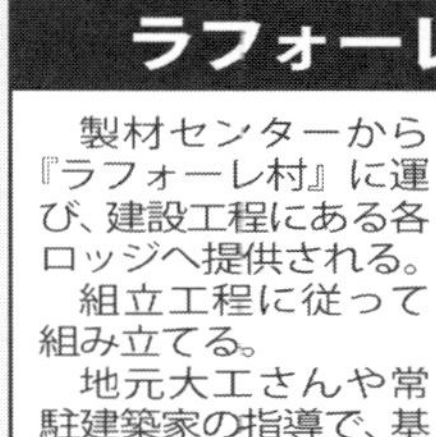

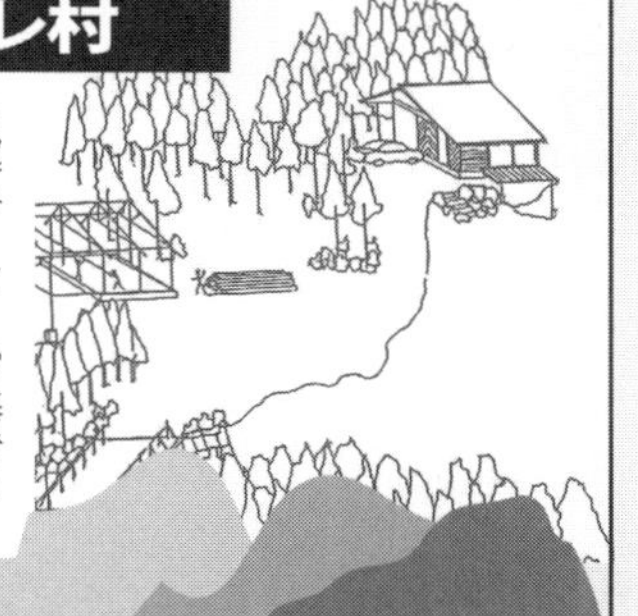

図 3-7. 山林ロボット後工程

穂刈は続ける。

「間伐材などは事前にロボットが山林から切り出して製材し、組み立て法は各種のタイプが素人でもできるようにマニュアル化してます。重いものは小型のユンボで対応できます。コンクールではインテリアや飾りつけ、さらにはガーデニングも含まれます」

そうした楽しいイラストも表現されていた。

「実は、東京や横浜からアドバイザーとして建築家がかなり入り、住み着いてる人もいます。建築家と地元の大工さんによる支援体制ができていて、毎週セミナーを開いてます。たとえば組み立て方や壁のつくり方とか」

穂刈は、山林生活によるさまざまなメリットを続けて話してくれている。

『別荘法』は、大都市から多数の人達が入ってくることから、地元の大工さんや森林業者への需要が発生し、しかも単なる雇用ではなく、木材を扱うエキスパートであり結果的に参加者に対する「教師」の役割を果たしている。このようなケースは地元の大工さんやその他の建築業者の「生きがい」にもなりやすく、他の別荘地のように「よそ者」が山村に入ってきたという印象を薄め、都市と田園、山村文化交流ができあがりつつあった。

「別荘の人達と地元の大工さんや建築家の交流は活発で、毎週どこかでバーベキュー大会などが開催されてますよ。なかなかいい雰囲気なので皆さんもぜひ一度参加してみてください。パーティーの主催者に伝えますから」

須藤は由紀を見やってお互いうなずいている。

「そうだな、おじゃまさせて頂こうか。取材も兼ねて」

由紀は、ちょっとふくれっ面をした。

「えーっ、ディレクター、仕事抜きのほうがきっと楽しいですよ。ね、穂刈さん」

穂刈に同意を求めているが、穂刈はともかく今日は取材後のバーベキューの準備を用意していた。

「須藤さん、どちらでも。高崎からは1時間と、すぐ来れますから取材と楽しみは別でも大丈夫ですよ。今日はその前座って感じでパーティーをやりましょう」

由紀は手を打って須藤に頼んでいる。というより決定事項のような話ぶりだ。

「ディレクター、そうしましょうよ。ね」

須藤は苦笑いしてニヤリと笑った。どうやら合意した雰囲気だ。

■『別荘づくり大賞』の意義

『別荘づくり大賞』は、単なる別荘づくりだけの話ではない。

主目的は、滞在率を高め、余暇利用を楽しんでもらうことだが、別荘建設の時期に来ないことには別荘ができないわけで滞在率は高まるが、事後、山村生活を楽しんでもらう木材を利用したレジャーを評価する仕組みが、この『別荘づくり大賞』だった。

『ラフォーレ村』だけでなく、各地の『別荘法』関連の別荘生活も対象に行われる。

滞在が増え、山林生活に慣れた人が増えてそのメリットが伝わると、次の人達の山荘建設に繋がる。穂刈たちは神奈川南部地震後の爆発的な需要が一過性かもしれないとも考え、そうさせないためにも『別荘づくり大賞』が、需要の定着への啓蒙になると考えた。

また派生的でもあるが『教育的価値』も重きを置いた。山村生活そのものは自然教育に繋がり、自然への価値観を高める。自然保護や山村生活に慣れた人が東京など大都市に多くなれば万が一の直下型地震が発生した際に、サバイバル能力の高い人を普段から育成していることを意味する。

経済的な波及効果は、徐々に期待できるものが増えていった。東京オリンピック需要で建設資材は高騰するものも多かったが、別荘建設は地元の山林から切り出した材木であり、長年、使われていなかった主伐材、間伐材が利用されるために東京の資材需要とはバッティングしないメリットがあった。

穂刈の農業ロボット化でキャベツその他の農作業を手伝ってもらっていた近隣のパートさんは山林生活をする人達の農作業支援や雑務の支援にまわってもらうことになり、結果的にロボット化の省人化による余剰人員を『ラフォーレ村』の支援へと再雇用し、単純な人員削減のリスク回避をした。穂刈たちは、まだ『ラフォーレ村』は1年程度で、具体的な動きは半年程度だが、山村と都市の交流に手ごたえを感じ始めていた。

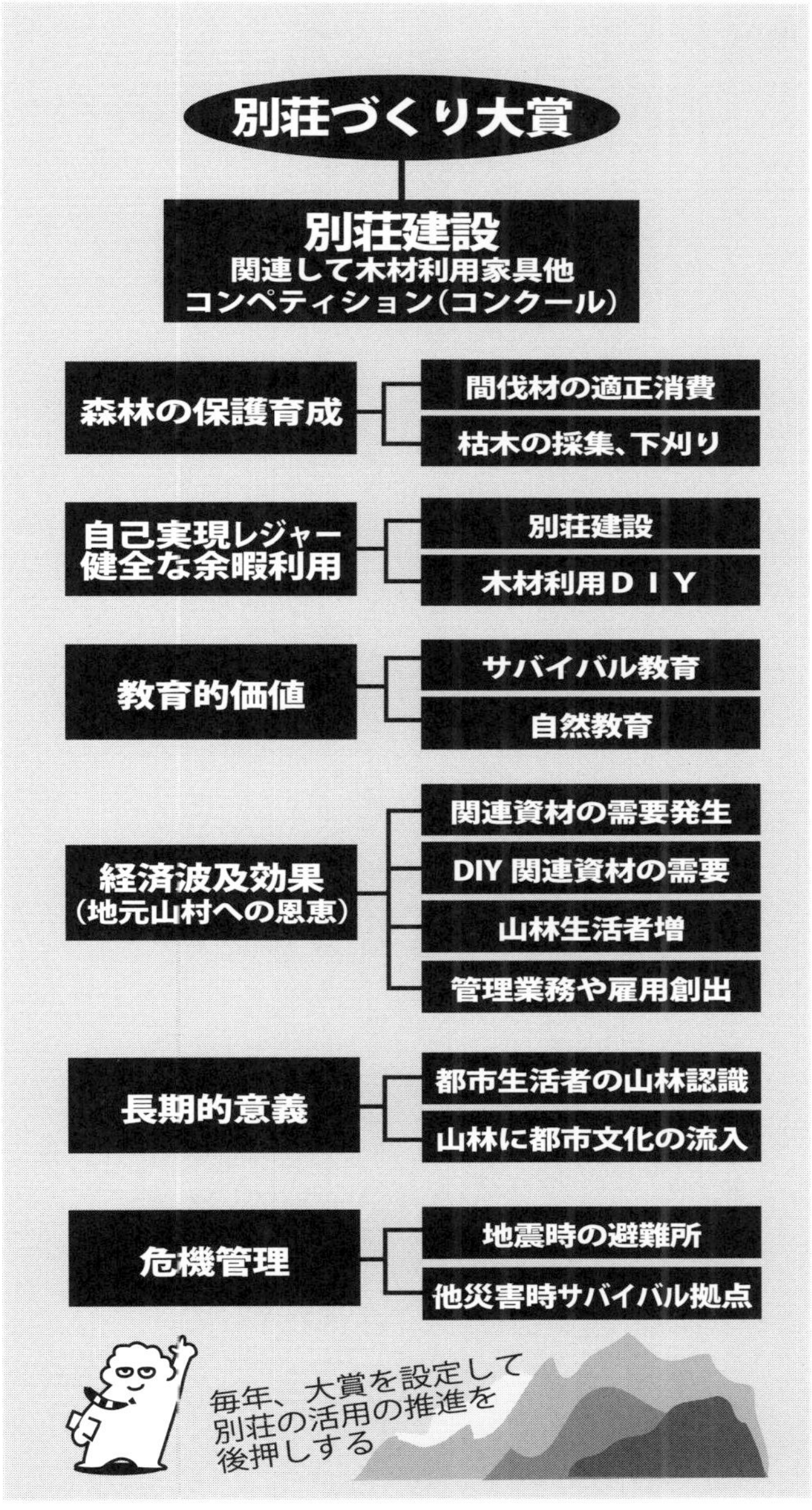

図 3-8 別荘コンペ

獣害対策にロボット化がすすむ

中山間地帯の獣害対策は、深刻だ

獣害対策は近年、中山間地域などで、イノシシ、シカ、サルなどによる農作物の被害が多発している。また、植林した苗木をシカがそのまま食べてしまうなどの問題も多く、獣害は各地で深刻化・広域化しているのだ。

こうした事態に対して２００８年（平成20年）２月に「鳥獣による農林水産業等に係る被害防止のための特別措置に関する法律」が施行された。

この法律により、現場に近い行政、つまり市町村に投げるかたちで予算措置がとられたものの、結果的に全国の中山間地域を持つ市町村に予算は細分化される。細分化された予算で柵を巡らせたり、電気柵を設けたりしているが、効果が劇的にあがっているわけではない。

取材が終わってディレクターの須藤、由紀や穂刈が談笑し、パーティーの準備をしているところへ、富山県の氷見市から朝倉がかけつけてきた。

「やぁやぁ、遅れまして本当に申し訳ありません！」

朝倉義嗣は、真っ黒に日焼けした身の丈も１９０㎝に近い大男だが低姿勢におじぎをして管理棟に入ってきた。優しいが切れる男で、穂刈は能登半島の千枚田のプロジェクト他を任せている。

穂刈は朝倉を手招きして須藤と由紀に紹介した。

「これが朝倉です。織田信長にやられた越前の朝倉義景の子孫らしいんですよ」

「すんません。穂刈はいつも私のことをこんなふうに紹介するんですよ。負けた子孫の話じゃあ、仕事ができない男みたいですから困ります」

朝倉は、おどけて不満をもらした。

場を盛り上げられる男のようで全員、笑い声につつまれた。そして腰を折り曲げるようにして須藤と由紀と名刺交換をした。

朝倉は、農業ロボットを能登半島の千枚田に持ち込んで実証実験を終えて本格的な活用の準備をしているが、さらに二つのプロジェクトのリーダーを兼務していた。

それは、獣害対策ロボットと漁業ロボットだ。

朝倉は、当初は能登半島の輪島でプロジェクトをすすめていたが、群馬の穂刈と会うことも多いため、北陸新幹線の開通と同時に、富山県高岡市の北隣に位置し能登半島の入り口の氷見市を拠点に置いた。氷見からは能登半島北端の輪島の千枚田へは80キロほど、車で2時間弱だ。

また、氷見は富山湾に面した日本屈指の漁港で寒ブリは全国的に著名だ。氷見から北上する能登半島の東岸は、漁業の宝庫で漁業ロボットの実証には便利な場所であり、朝倉は氷見を拠点にした。氷見市は近年、人口減が続いて立派な住宅が空いているのだ。

格安で貸してもらえるため、小さい子供を持つスタッフは、非常に広い庭付き住宅に住み、子供たちが自然たっぷりの環境で暮らせる。

しかも、東京へは新幹線で非常に近くなった。東京〜高岡間で2時間40分、東京〜富山は「かがやき」で2時間10分と近いことから穂刈の会社、「アグロボ」や関連ＩＴ会社の社員で、東京と氷見の二重生活を楽しむ社員が多くなった。

「朝倉さん、獣害ロボットってイノシシ退治とかをするんですか?」

由紀は缶ビールを片手に朝倉に尋ねた。

「そうですね。農業ロボットとか山林ロボットをやってて農家の人から出てくる話に、獣害の話が多いんですね。せっかく作った農作物が収穫前に食べられてしまう。対策として電気柵とかいろいろやっても、けっこう彼らも上手に逃れて農地を荒らすんですね」

由紀はちょっと怖い気分で尋ねた。

「あのー、イノシシを殺しちゃうんですか?」

「いや、センサーで察知してロボットが近づいて、イノシシやカモシカと確認するとゴム弾で追っ払います」

朝倉は手でピストルを撃つようなしぐさをして説明している。基本的にゴム弾と警告音で追い払う仕組みだが、絶対に人を誤射していけないためセンサーで人と徹底的に区別する検証をしていた。数百を超えて検証をすすめているため、まだ本格活用にはなっていないが、十分に目処がついている。

「もっとも、状況によっては捕獲して処分する、つまり殺すこともありますね。食料として出荷しますが」

「えー、かわいそう」

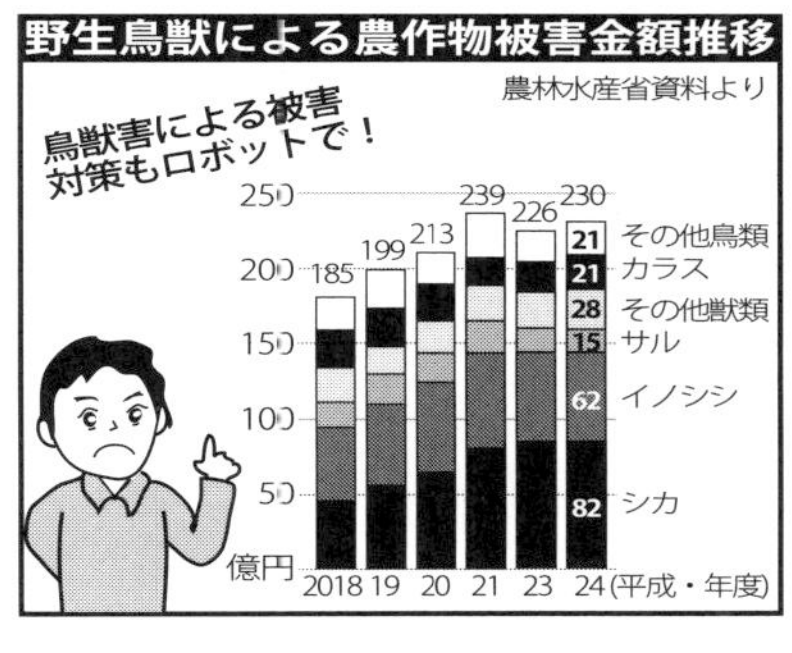

由紀のように生まれてから大都市暮らしの女性たちはペットを親しむ結果、動物とは危害を加えられる対象ではない。人間が一撃で倒されることもある猛獣の『熊』とは、古くは「くまのプーさん」であり「テディベア」と愛くるしい対象なのだ。「ゆるキャラ」ブームでは「くまもん」が一気に大人気になった。

朝倉は説明を続ける。

「イノシシは昔から『ぼたん鍋』といわれて山間部では貴重なタンパク源として利用され、いまでもぼたん鍋の愛好家は多いですね。最近ではシカの肉は、脂肪分が少なく非常にヘルシーだとされて各地で食用化がすすめられてます」

「そうなんですね……」

由紀はかなりテンションが落ちてきた。動物虐待などへの強い関心があって、そうした会にも参加している由紀はなにか気落ちしてきた。

突然、須藤がお皿にもられた肉を指差し、ぶっきらぼうに言った。

「由紀ちゃん、さっきキミが『美味しい！』って食べたこれはな、シカ肉だ！」

「えーっ！」

由紀は生気を失って後ずさりし、椅子が傾いた。あわてて朝倉がその椅子を支えた。

「由紀さん！　違います！　ご心配なく！　普通の牛肉、ご当地の赤城牛ですよ。須藤さん、ちょっと人が悪い！」

穂刈は、絶叫するような大声で弁明した。ちょっと気まずい空気が流れたが、しばらくして由紀も落ち着いてきた。しかしどうにも釈然としない表情だった。

獣害対策ロボットは山林ロボットを基軸にして、氷見の山合いの数ヵ所の農地周辺で、さらに朝倉の実家のある七尾市の山間部でも実証実験していた。

氷見は寒ブリの漁港として日本的に有名なために富山湾や氷見港など、海のイメージが強すぎるが、実は市の70％近くはうっそうとした山林なのだ。

問題は、捕獲した後、食料として利用できる体制が整っていなかった。それは安定捕獲や食肉利用するルートが整っていないことだ。

こうしたマーケティング展開も朝倉の課題で「ペット用食品」や「加工食品」などへの保存型の商品で付加価値を高める一方、次々と多様な協力者を作りながら、ジビエ的な高級メニューへの展開もレストランのシェフと研究していた。

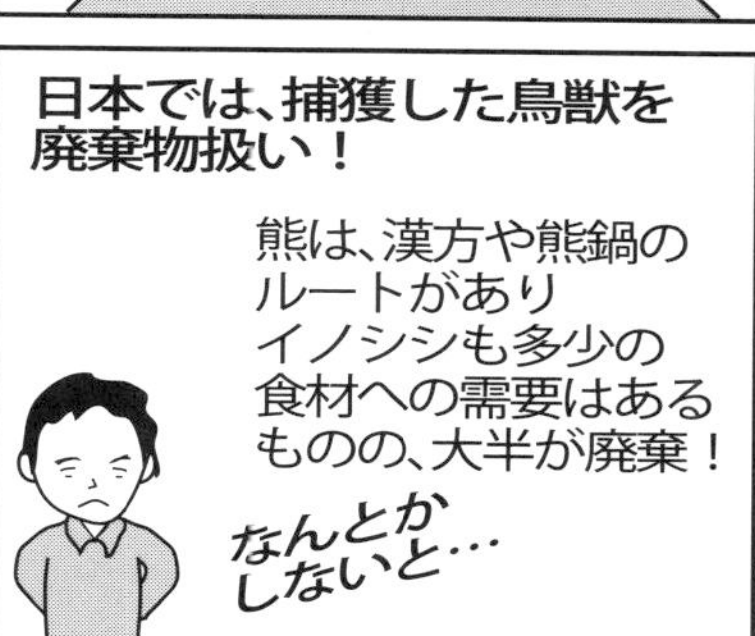

漁業にもロボット投入

農業同様に高齢化が進む若少老多業態の漁業に

朝倉は、氷見市の米良漁港を中心とした北部海岸や能登半島の七尾湾などで、漁協や若い漁業者の協力を得て漁業ロボットの実証実験を行って、ほぼ完成していた。

漁業従事者も農業従事者と同様に従事者が大きく減少し、若少老多業態だ。

１９７０年には60万人近くいた漁業従事者も近年では30万人割れし、従事者の半分以上が60歳以上と、農業同様に壊滅的な状況に近づいている。

また、資源の枯渇も危惧されるほど減ってきており、若者の新規従事者は減る一方だ。

老練な高齢漁業者と知識の少ない若者が競うのは、なかなか難しい。すると後継者しか新規従業者はムリだが漁業収入に魅力がなければ後継者も減る。

日本近海には近年、中国や韓国の漁船が領海内に入ることが日常化しており、乱獲も増え、結果的に資源の枯渇につながり、こうした状況も新規従事者は減らし、結果的に漁業従事者の減少につながる。

こちらも農業ロボット同様に「若少老多業態」で、漁業ロボットの導入が必要だ。

漁業ロボットは、人の胴体より小さい小型の潜水艇か、水中スクーターが自動操縦になって捕獲アームをもち収穫した魚介類を収納する網か収納庫を持つと考えればいい。

ラジコン操縦の潜水艦は、かなり以前からマニアなら知っているが朝倉は同様のものを嬬恋の研究所と共同で開発し、氷見の実験工房で組み立てた。これを海中に入れるとラジコンと同様に自在に上下左右に動き、漁をする。漁業者の人達に実験的に利用してもらって成果が出ていた。

最終的には、資源管理しながら日々の漁獲量を決めたプログラムを用意し、自動操縦して魚介類の捕獲を指示しつつ学習ロボットで漁業の自動化を図る。農業ロボット同様、問題があるときにのみ人が対処するよう図れば、一人あたりの生産性は飛躍的に伸びる。

２０１３年にＮＨＫの「あまちゃん」で海女さんは注目されたが、現実は厳しい。

従事者は減り、収入はスーパーのパートさんよりかなり低く、従事者は50歳代以上で、若い女性はほぼいない。三重県などは文化財的な位置づけで海女漁業を存続しようとする動きもあるが、収入が極端に少ない漁法では永続は難しい。

だからこそ漁業ロボットなのだ。

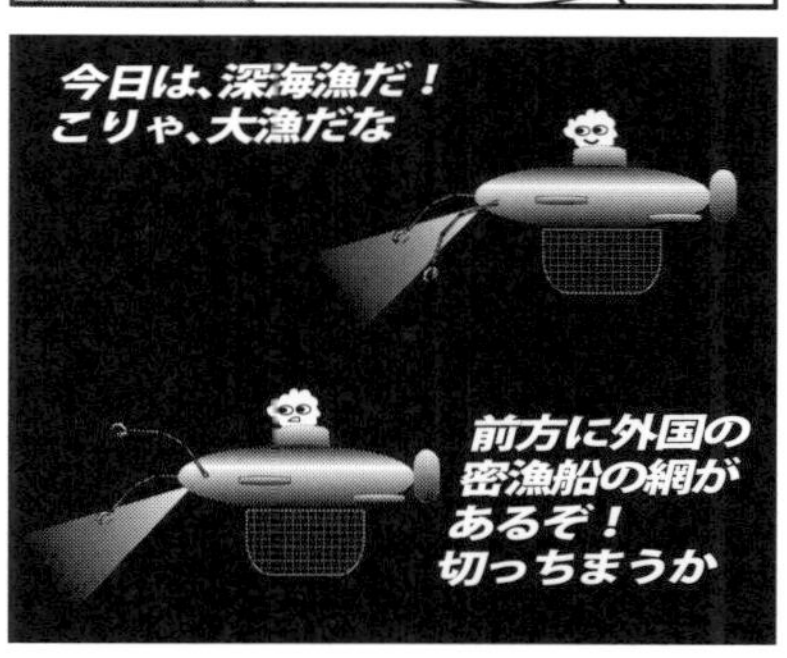

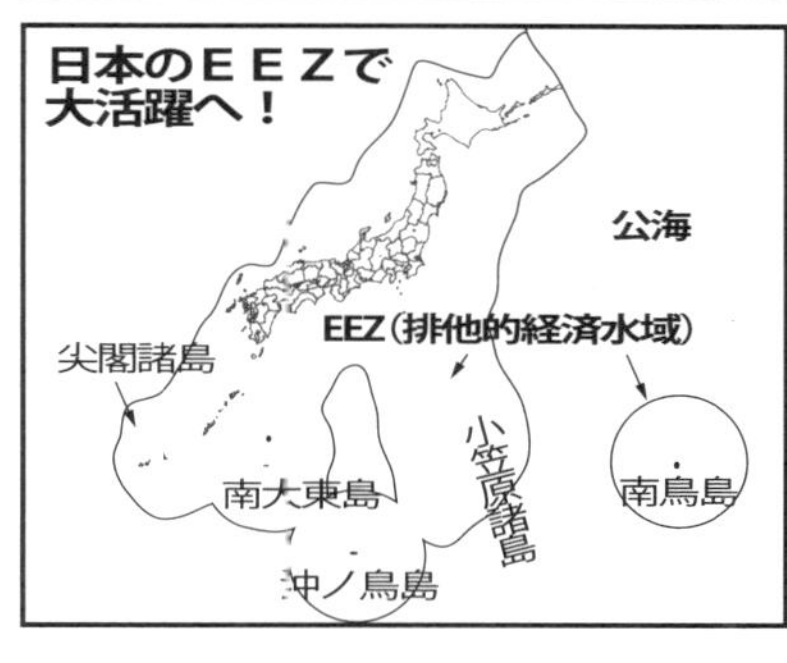

日本版・アポロ計画……深海に多目的海洋ロボットを投入

深海ロボットは、日本版アポロ計画として実施すべき喫緊の課題

漁業ロボットは、やがて底引き網漁（トロール）の対象となる海底へも活動範囲を拡大すると、漁業資源調査と資源確保と漁獲のバランスをとることが可能となる。

底引き網漁は水深50～200メートルくらいで、カレイやヒラメなど底魚を漁獲するのに効率のいい漁法で、東シナ海・黄海を主漁場とする「以西底びき網漁業」が有名で戦後は非常に活発に行われていたが、近年は中国や韓国との競合で、日本漁船は非常に少なくなっている。さらに本格的なトロール船は、1000メートルと深海の海底から漁業資源を根こそぎ漁獲するために漁業資源枯渇の問題を含む。

尖閣諸島領海内では中国の漁船団が大挙して操業する。尖閣問題の陰に隠れているが長崎県五島列島へ、中国国旗「五星紅旗」を掲げた106隻もの中国船が福江島の玉之浦湾に入ったことがある。

2012年7月18日未明、台風からの避泊（緊急避難での停泊）が目的と言うが、まるで艦隊のように整列して押し寄せ、1週間も居座ったのだ。それだけではない。7月31日に53隻も押し寄せ、8月になると4日に20隻、24日には約90隻もの中国漁船が現れたのだ。これほど組織的な漁船団の行動は、日本の離島、島嶼を狙った軍事的な偵察目的以外に何があるのだろう。

14年の夏から秋にかけて、中国から赤サンゴの密漁船団が200隻近くも伊豆諸島や小笠原海域に大挙して押し寄せた。こちらは軍事目的よりも赤サンゴによる一攫千金が目的だが、豊かな日本の海が荒らされる以外のなにものでもない。

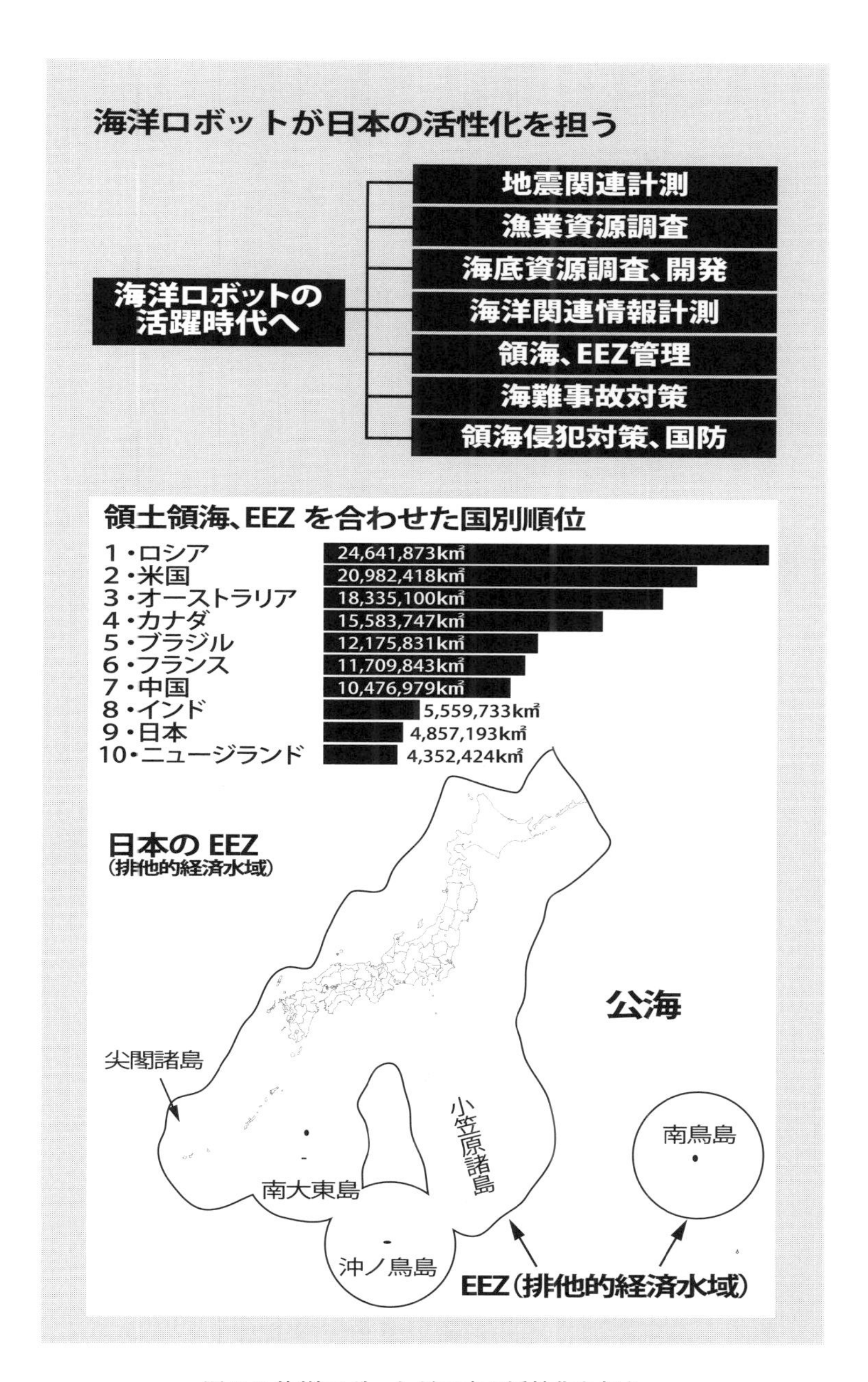

図 3-9. 海洋ロボットが日本の活性化を担う

漁業ロボットの延長線上に、水産資源の略奪対策や国防にも大きく活用すべき海洋ロボットが必要だろう。

日本の国土（領土）面積は37万7835平方キロメートルで世界（194ヵ国）では62番目だが、領土、領海とEEZ面積となると486万平方キロメートルと、なんと世界の9位にも達する。つまり日本の国土の約13倍もの面積があり、この徹底活用が人口減少下にあっても経済成長する鍵であり、そのために海洋ロボットは欠かせない。

漁業ロボットの延長線上に他の機能を持たせれば、海底資源探査にも役立ち、領海や接続水域周辺への配備やEEZの境界付近に常備させれば、図3-9に示す海洋ロボット（多目的ロボット）として機能するのだ。

アベノミクス「第3の矢」には、こうした『日本版アポロ計画』クラスのロボット開発が必要なのだ。

※本章の林業ロボットのコンセプトに関連して

「中山間地帯に別荘をつくる……『国民皆別荘時代』の創造」については、実はいまから35年前、1980年に執筆したものである。当時から間伐材は問題視されており農水省などが音頭をとり、外郭団体の「日本住宅・木材センター」が懸賞論文を募集し、応募した私の論文が優秀賞となった。その内容を本章で小説仕立てにしたものだが、当時の文章にも、「地震等の災害時の緊急避難に利用できる利点」も明記している。

事後、農水省の関係者にあった際に、このプロジェクトの推進について聞いたところ、「これは立派な事業になるのでできない」という話をされた。つまり事業になると補助金が減るからといった趣旨だったので苦笑した記憶がある。

第４章

ロボットは人間のパートナー時代へ

少子高齢化で年金も医療費も異常事態だ。

介護産業を人海戦術でやれば、天文学的に費用がかかるが結果的に家族負担に向かう。

だからこそ介護ロボットは喫緊の課題だ。

介護ロボットは、厳しい介護現場から介護者を解放し、介護コストを激減できる。

さらに育児や生活にも多様なロボットが生まれる。ロボットは人間のパートナーの時代となる。

少子高齢化がロボットを人間のパートナーに

ロボットのパートナー化は急速な勢いですすむ

少子高齢化は、ロボット化へ最大のチャンスということを本書の冒頭に述べた。そして日本はその最短距離への素晴らしいポジションにいることも示した。少子高齢化が日本では世界最速レベルですすんでおり、高齢者を支えるために「少子化だからどうにもならない」と悲観する必要もない。

また、農業のように従事者の平均年齢が67歳になるという、従事者が異常な「若少老多業態」で若い新規従事者が少ない業態には、ロボットの導入が必須だ。

林業も漁業もまったく農業と同様の異常業態でロボット化の意義は大きい。

ロボットに対して映画「ロボコップ」のサイボーグ的なものを考えたり、日本のアニメのオリジナルから米国では車が巨大ロボットに変身して戦う米国映画の「トランスフォーマー」などをイメージする人が、なお多いかもしれない。しかしロボットは今後、**人間のパートナーとして急拡大**する。

第1章にも述べたが、人間のパートナーとして非常に大きなポジションをとる時代は目前で、いまは揺籃期なのだ。

大きくは、左図のように**『産業用』『オフィス用』『自家用』の3分野が大発展**する可能性は高いが、大きく二つを志向するだろう。

産業用とオフィス用は、徹底的な生産性向上を目指すパートナー。

自家用は、楽しみやレジャーなど生活の豊かさに供するパートナー。

介護は、産業用でもありオフィス用と言うこともできるが、自家（家庭）用もあり、左図に表現していないが介護ロボットの重要性は言うまでもない。

産業用とオフィス用は1人が10体、20体の全自動ロボットを管理運営し、問題の際にのみ人が対処するところまで持ち込むのだ。

自動車産業用むけなど産業用ロボットは、その段階に達しており今後は中小企業などへどう移行するかで中小企業の生産性も高まり、高付加価値な中小企業も生まれる。

オフィス用を考えてみよう。

1体が100万円のオフィス用ＡＩ（人工知能）搭載ロボットが5年償却で24時間稼働することを想定すれば、**月2万円給与のロボット社員が人間の3倍働く**勘定になる。

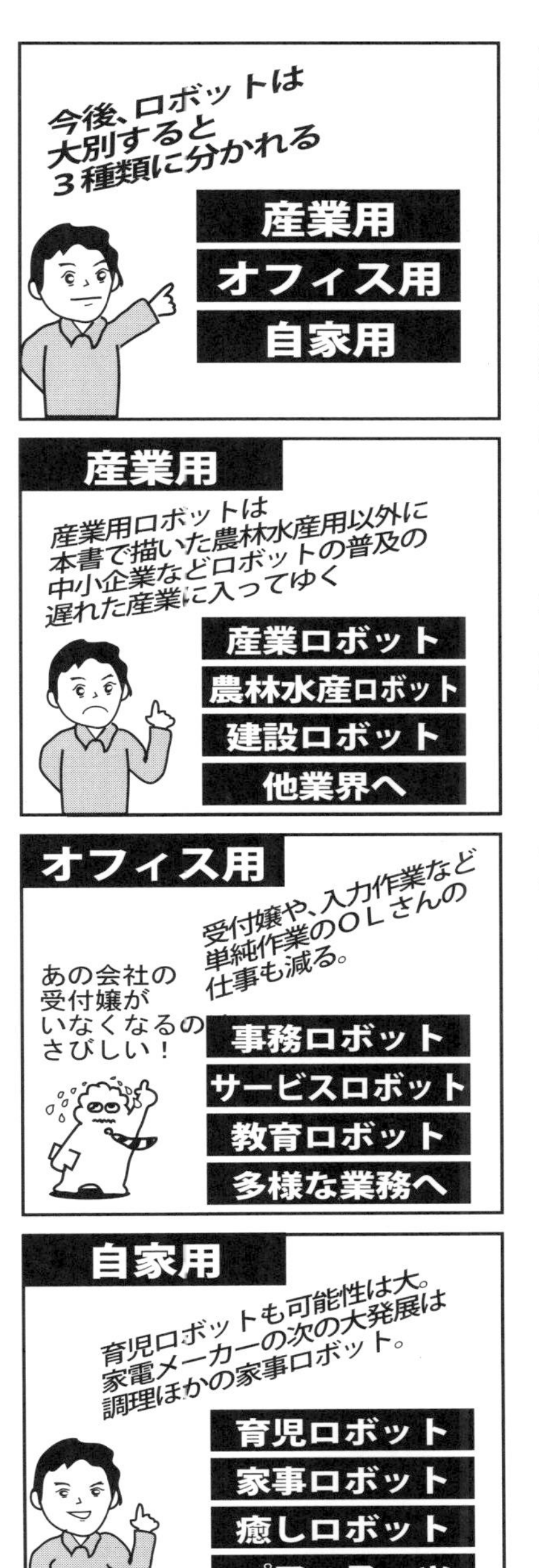

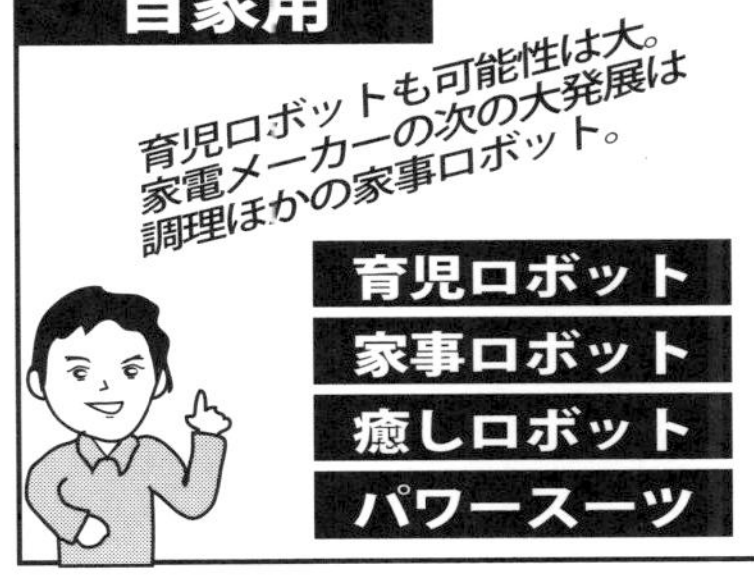

仮に**社員の人件費が月に30万円でロボットが同じ仕事をすればロボットの生産性は45倍となり、休日返上で働くことを勘案すると実質は50〜60倍以上**にもなる。

ＡＩ（人工知能）を使った学習能力のあるデジタル処理は、ＰＣを使う人間の単純入力作業と比べると、３０００倍から４０００倍も違うとも言われており単純作業では人間は基本的にＡＩ搭載ロボットには勝てない時代になる。

会計業務は80年代初まで算盤や電卓で計算して手書きだった。その後コンピューターの発達で会計処理はＰＣ化してプリント処理となり、一気に生産性が高まったが入力はお嬢さんたちがしてくれた。次世代は伝票の整理や入力過程をロボットが行う時代になる。

現在でもカメラ撮影で入力可能になるなど、こうした速度と精度が上がると会計事務所や会社の経理業務に携わるお嬢さんの仕事は大幅になくなる。精度の向上は学習能力を持ちＡＩ（人工知能）搭載で一気に高いレベルになるのは時間の問題でしかない。

単純労働の多い国々では、ロボット打ちこわし運動が確実に起こるが日本のような「若少老多業態」が多く、単純労働が敬遠される社会では、大歓迎されるだろう。

東京オリンピックにむけて建設労働者など単純労働者を海外から入れようとする動きがあるが、ロボット化を徹底すれば、それも防げるがちょっと時間が足りない。

さらに海外生産でコスト削減を目指した日本のメーカーは、ロボット化の推進で国内生産のメリットが高まり、**安い人件費を求めて海外進出をしていたメーカーの国内回帰が多くなる。**アベノミクス「第３の矢・成長戦略」にも関係する。

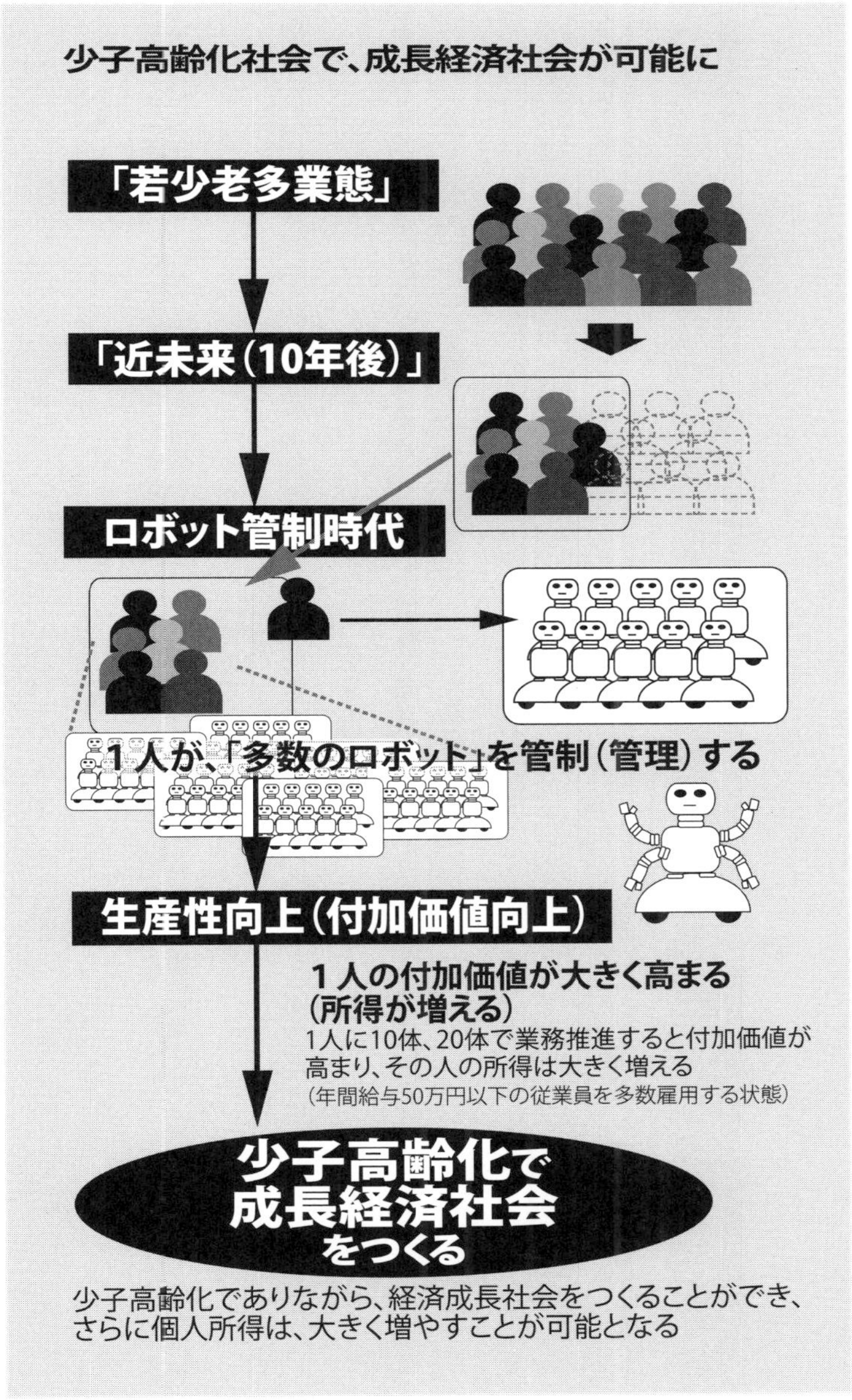

日本人は単純労働ではなくロボット管理者や、より知恵を磨いた本格的なキャリア志向の人財になればよく、十分にそれが可能だ。

少子高齢化社会で、成長経済社会が可能に

「若少老多業態」

「近未来（10年後）」

ロボット管制時代

1人が、「多数のロボット」を管制（管理）する

生産性向上（付加価値向上）

1人の付加価値が大きく高まる
（所得が増える）
1人に10体、20体で業務推進すると付加価値が
高まり、その人の所得は大きく増える
（年間給与50万円以下の従業員を多数雇用する状態）

少子高齢化で
成長経済社会
をつくる

少子高齢化でありながら、経済成長社会をつくることができ、
さらに個人所得は、大きく増やすことが可能となる

図 4-1. 少子高齢化でも高い生産性

人工知能の急速な進化が、日本の少子高齢化を救う

個別分野では急速に進化している人工知能（ＡＩ）

ロボット化が日本の少子高齢化社会、そして産業的には**「若少老多業態」**を救い活性化する話を述べてきているが、実はその背景には人工知能がある。人工知能は知らないうちに大きく進化している。どこからが人工知能と言うか定義が難しい。ロボットも同様に「どこから」との定義は難しい。

人工知能が世界的に認知されたのは古く、１９５６年のダートマス会議からだ。当時、ダートマス大学にいたジョン・マッカーシーらが提唱して開催され、ここで「ＡＩ：Artificial Intelligence『人工知能』」という用語がはじめて登場した。

コンピューターの発達のなかで人工知能は実証実験を重ねてきたのだ。

自動改札も銀行のＡＴＭも初期のロボットだと言った（60ページ）が、こうした製品は初期の導入期から研究されて実用レベルも高まっていったが、きわめて目的的に制御システムが機能して人工知能化していると言っていいのだ。

家電製品でも大半が人工知能化が進んでいる。エアコンは人のいる場所をセンサーで感知して最適な空調をする。小さな事務所にも設置されている多機能複合コピー機は、書類を所定の指示に従ってコピーし、ステープラーで止めてファイルする相当なレベルのロボットだ。人型でなく多関節アームが動いたりしないからロボットと感じないだけで実は初期的なロボットなのだ。

介護ロボットの導入やオフィス用ロボットの場合、ことに対人対応では誤作動が許されない。センサ

ーで環境状況を関知し人工知能で計算し、即時対応してロボットが滑らかに作業するレベルへ早急に持ち込むのが急務だ。

ロボットが本格導入されると問題もある。デロイトの会計事務所とオックスフォード大学の研究者の協力による調査報告では**35％の労働者が失業するとの説もある。**

しかし日本のような少子高齢化、「若少老多業態」が多い場合は歓迎される。また若い人たちは肉体労働などよりも知的な作業への関心が高い。一見、単純作業に見える職人の現場などでも実に繊細な能力を発揮しているのが日本の労働現場だ。

日本においては、そう心配はない。

それ以上にあまりある日本復活の『鍵』なのだ。

介護ロボットの登場で、高齢化社会対応市場が活性化する

介護産業は、ロボット化で高齢化市場が活性化し、国の予算は激減する

「少子高齢化」「世界最速の高齢化社会」「年金問題」「介護と医療」に対して、介護ロボットの投入は現実に近づいてきた。

介護の現場は3Kと言われる。「キツイ」「暗い」「汚い」という現場のことだが介護の現場はロボット化で一気に3Kから解放される。この「3K」、もともと高度成長前期には、工場現場のことを言った。その3K現場には工夫や改善の徹底で産業（工場用）ロボットが投入され、工場は合理化効率化省力化が進み、クリーンルームが設置されてミクロン単位の塵まで管理し、工場労働者は3K現場から退いて人員は大きく減少。清潔な環境から続々と低価格で高性能な製品が世界へ雄飛し、日本は生産大国になるのと同時に世界一の対外債権を持つ国家となった。

日本人の英知を結集して欧米の工場を凌駕する仕組みをつくり、名実ともに生産大国になったのであり、外資と日本や欧米のデッドコピーによる工場や商品、低価格労働力で出来上がった中国の生産大国とは、まるで異なる。

介護の現場は、工場の3Kを克服したのと同じ経路を介護ロボットでたどることになり、生産性の高い職場になり、介護職員のストレスは激減する。さらに全自動介護ロボットが導入されると人件費は大幅削減し、介護コストは劇的に減る。

現在の介護現場では辛い仕事から「認知症の入居者に対するいじめ」なども多発しているが、ロボ

ットの場合こうしたストレスや感情が入ることはない。

充電時間や修理メンテ時間を勘案しても、ほぼ24時間対応も可能で介護コストは大きく下がる。

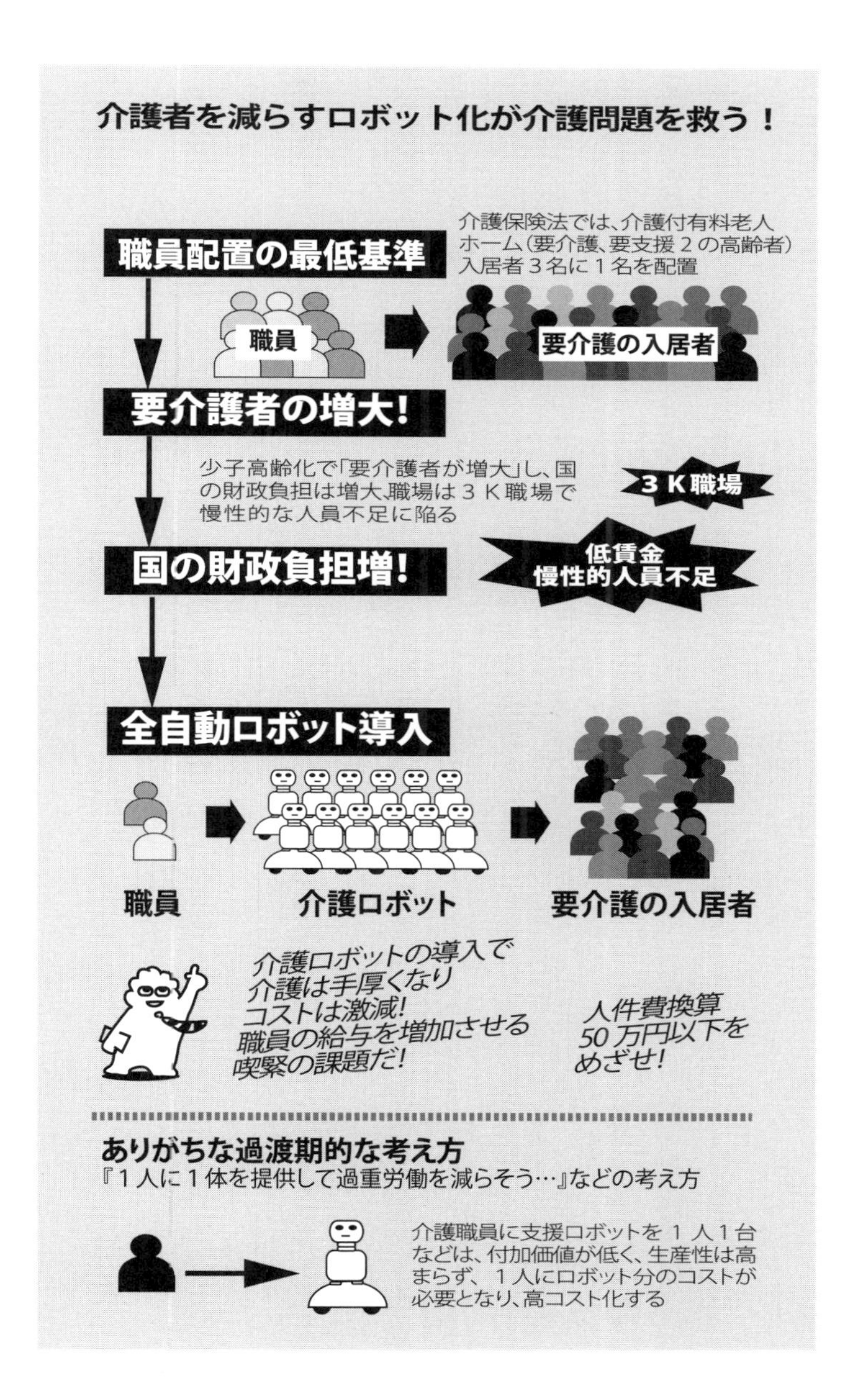

図 4-2. 介護ロボットの考え方

介護職員が全自動介護ロボットを10体、20体と管理運営すると低賃金で慢性的に人手不足で離職率の高い職場が、一気に高収入職種となり憧れの職業にもできる。

ここで**マシンの需要と供給、そして低価格化への動きを見てみよう。**

１９００年前後の乗用車は現在の価格で数億円していたがフォードが量産体制をつくって急激に低価格化し、ドイツ生まれの自動車は、米国で大きく開花した。

現在の乗用車は軽自動車であれば１００万円前後で手に入る。

■介護ロボットも急速に普及する時代へ

ＰＣやスマホを使ってネット経由で誰でも世界の情報に繋がり、ＰＣやスマホを手離せる人はいない。同様にロボットも生活に、介護に、生活全体に貢献する時代になる。

コンピューターは１９６０年代には一部屋の壁面に全面メモリーの収納庫があるほど大型で数十億円したが70年代にはモニターがついて数百万となり、80年代にはデスクトップ化してオフコンとなる。さらにＰＣ化して１００万円以下となり89年にはエプソンと東芝が液晶モニターによるノートＰＣを発表。東芝のダイナブックはＡ４判サイズで重さは２・７kg。価格は19万８０００円と破格な金額でデビューした。現在のように誰もが使う時代になったのは２０００年頃からで安いものは10万円以下だ。

ケータイは車載かショルダータイプの重い時代が長かったがアナログからデジタルに移行した90年代半ばに小型化し、軽量で手のひらにのる文字通り『携帯』電話になり急速にケータイ時代になる。

２０００年頃には10代の世代は、ＰＣではなくケータイからデジタル社会、ネット社会に入る時代になった。

同様にロボット化の普及速度は速いだろう。

日本は少子高齢化という人口構造のいびつさもあり、農林漁業などの従事者が「若少老多業態」であり、ロボット化が最適で、介護現場の介護士不足や医療現場での看護師不足などにもロボット化は千載一遇の大チャンスだ。

世界の産業ロボットは80年代に日本で急速に発達。90年当時60％が日本で稼働し、当時はすべて日本製で世界に拡大した。２０１１年でも27％が日本で稼働しており世界最大のロボット大国だ。世界各国で稼働する産業ロボットの大半は日本で製造されたものだが、最近は急速に韓国、ドイツの産業用ロボットも増加し、ことに中国への輸出が増えてはいる。

PC普及率と携帯普及率推移

113.4（2014年）
100
80
60
40
20
%
88.5
83.4
80.5
73.3
56.0
50.5
15.6
10.6
9.6
0.6
ＰＣ世帯普及率（黒線、黒字）
ケータイ個人普及率（グレイ線、グレイ字）
1990 95 2000 05 10 15
総務省調査による

ものすごい普及速度だ！

上記はＰＣの世帯普及率、携帯は人口普及率。
どちらも 90 年代後半から普及し、ＰＣは高齢世帯以外にはほぼ普及したと見られる。
携帯は人口比で 100%超えで、幼児と高齢者以外は1台以上所有していることになる。

ネット利用とスマホ普及率

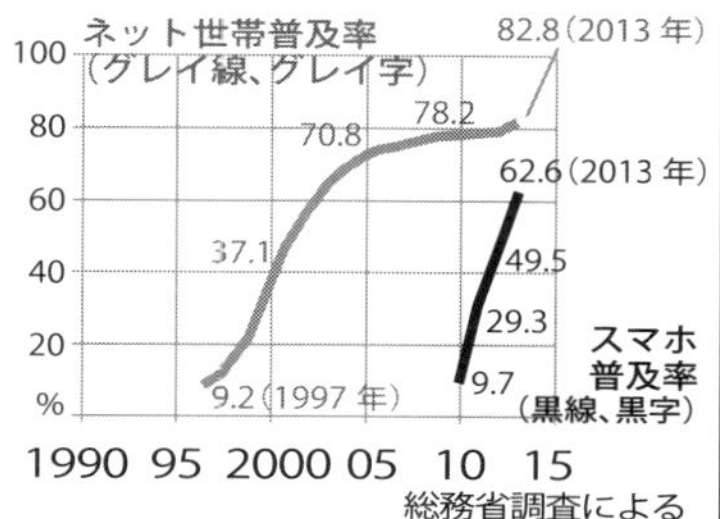

総務省調査による

次はロボットだ！

ネット世帯普及とスマホの人口普及率。
ネットの普及、ＰＣとケータイは同じ歩調で普及した。
2007 年に登場したスマートフォンは旧来のケータイに置き換わりながら猛速で普及が進む。

高齢化がすすむ日本では医療費と介護が最大の課題だ。

一般会計の100兆円のうち、厚生労働省の予算は30兆円。国債の借金返済と地方交付税を除くと半分以上が厚労省の予算だ。しかも大半が年金と医療で義務的な経費のために毎年1兆円前後増えている。介護は現在2兆6000億円程度だが、高齢化による増加は必定で税収は増えるどころか国の借金もレベルを超えて危機的で、だからこそロボット化が必要なのだ。

産業ロボットは繊細な仕事をミクロン単位で正確に実施し、過酷な労働から労働者を解放した。産業ロボットは定型業務の繰り返しが主体で、複雑な工程を正確な高速処理が24時間可能だ。介護現場でも同様の可能性は高いが課題はいくつかある。

・介護は、対人対応であり細心で高度な処理能力がいる

・要介護者の状況や反応に個体差が大きく、高度な対処能力がいる

・高度な知識も必要で医療などとの連携能力がいる

しかし、不可能ではなく現在、人がやっている仕事を介護ロボットに学習させて介護作業をさせるのだ。ＡＩ（人工知能）の実用化は急速に進んでいる。

人間の動きをトレース（再現）して動くロボットは、もう世界中の研究機関でレベルの高低はあるが普通に実現しており、学生のロボコンなどでも使われている。医療用ロボット「ダヴィンチ」は、内視鏡下手術支援ロボットの代表的なものだが、じつに細やかな手術が可能で、高額だが世界の大病院に普及している。対人接触では高度すぎるほどのレベルに達しており、こうしたノウハウが介護ロボットに転移するのは時間の問題だ。

先述したように乗用車は量産と需給バランスで１００万円前後の価格になった。家庭用の全自動介護ロボットが１００万円前後になれば、自宅介護も不可能ではなく、左図の支援などを個別に進化させながら全自動へ向かうことだ。

要介護者と家族のパートナーとしてのロボット

外出支援
比較的健常者に近い高齢者が外出時に、乗用車に乗ったり、歩行時に転倒防止や衝突防止するなどの支援。

室内移動支援
室内での移動支援。歩行時に転倒防止や衝突防止するなどの支援。階段や段差対応、パワースーツなどによる対応。

姿勢支援
ベッドから起きる、逆に寝るなどが困難な要介護者への姿勢支援。ベッドから起ち上がりへの支援など姿勢全般の支援。

見守り支援
認知症対応など、不確定な行動をしがちな要介護者への「見守り」また、行動予測をして対処するなどの支援。

排泄支援
みずから排泄できる状況を長く維持する支援。また不可能になってのオムツ処理や清浄化し、オムツ装着などの支援。

入浴支援
入浴支援全般。介護者を浴槽に入れて介護、先体して浴槽から出る支援、清浄化して浴室からベッドに移動する支援など。

情報掌握
センサーによる事前情報掌握をして、要介護者の状況掌握を行う。
・体内情報から異常値を報告
・介護者への連絡、報告
・医療機関への連携
介護者、ことに新人介護者には理解不能でも、学習機能、ＡＩ機能を持つと、医療診断データも検出可能であり、介護者以上に要介護者の予測も可能になる。

全自動ロボット導入

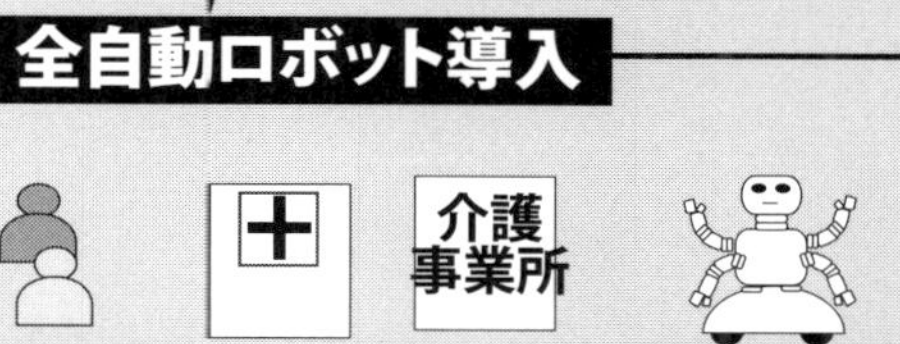

図 4-3. 要介護者と家族のパートナーとしてのロボット

高齢化人口の増大は必然で、介護費用の抑制を考えれば介護人材に費用をかけられず、慢性的な人材不足になることは必至で介護ロボットに期待せざるをえない。

それ以前に厚労省の医療費抑制もあり地方都市では医師不足、大都市では少子化により産婦人科が激減する問題や看護師不足も深刻だ。看護師は夜勤も多く過酷な労働条件で離職者も増え、かつての『白衣の天使』という女性の憧れの職業ではなくなった。

医療費抑制方針は日本の財政事情を考えれば、ない袖は振れない状況だ。だからこそ1体100万円、200万円という全自動介護ロボットが必要だ。農業ロボットの章でも述べたように人が張り付いていては高コスト化になり、付加価値が少ない。

人が張り付く、また逆にロボット1体に人が1人張り付いて操作するのは機械化レベルで、省力化、軽労化だ。パワースーツでパワーアップなどは、このタイプに属する。

できるだけ全自動を目指す必要があるのだ。ロボットはAIにより学習レベルが高まると、クラウドで情報共有し、ロボット導入は、即・熟練介護者のレベルになる。すると要介護者の1人に1体のロボットが手厚く対応し、10体や20体のロボットを1人の介護職員で管制管理する状況が可能となる。

こうした状況をつくると厚労省の予算を激減させても介護者の給与は大きく加増でき、ハードな仕事はロボットが行い、管理を介護者が行う状況が可能となる。

■ロボット介護機器の開発支援・導入支援について

平成26年4月の**「ロボット介護機器の開発支援・導入支援について」**（経済産業省製造産業局　産業

機械課）によると「ロボット介護機器が期待される背景」に「介護現場の課題」として４つの課題を示すが、正確に指摘すると前の２つは外部環境要因で、後の２つが対策の話だ。

少子高齢化は、大チャンス！

経済産業省製造産業局 産業機械課
ロボット介護機器が期待される背景

① **65 歳以上の 高齢者は約 709 万人増加**
2010 〜 2025 年の 15 年間で、65 歳以上の 高齢者は約 709 万人増加。
高齢化率が 23%から 30%に大幅上昇。

② **12 〜 14 年に毎年 100 万人以上高齢者増**
団塊の世代が高齢者になるため、毎年 100 万人以上高齢者が増加。

③ **介護職員の数は、2025 年には 240 万人**
介護職員の数も 2010 年の 150 万人から、2025 年には 240 万人が必要。

④ **7 割が腰痛を抱え、現場の負担軽減が必要**

いったい何の議論をし、政策を出しているのか？

2010 年 150 万人

2025 年 240 万人

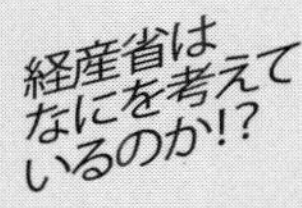

少子高齢化は
新産業創出と、財政削減の大チャンス

2010 年 150 万人

2025 年 ロボット 2,000 万体
介護施設 1,000 万体、家庭用 1,000 万体
介護職員 50 万人

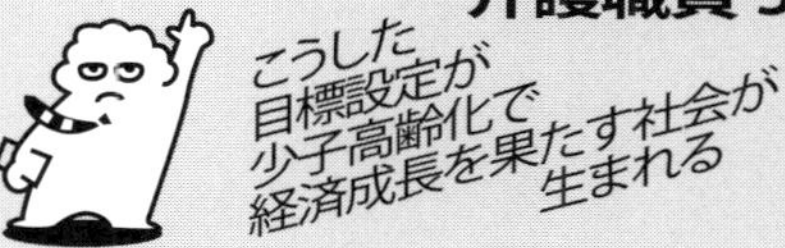

図 4-4. 改めるべき経産省の考え方

「介護職員が2010年の150万人から、25年には240万人が必要」と問題認識は明確だが、現状の単純延長で「240万人必要」では現実的な対策ではない。

また、「7割が腰痛を抱えるという現場の負担軽減が必要」という。

240万人を介護に割くことは現在の倍近い介護費用が必要となり少子高齢化で15年で140万人の従事者を増やすのは、魅力的な職場でない限り無理な話だ。

また、日本再興戦略（平成25年6月閣議決定）「ロボット介護機器開発5ヵ年計画について」に示された「ロボット技術の介護利用における重点分野では「移乗介護・移動支援・排泄支援・認知症の方の見守り・入浴支援」などへの分野特定をして重点的に開発支援をするという。介護は重労働だからロボット化をすすめようと単純支援型のロボット開発推進の話に終始しているが、本書で何度も述べたようにロボットに人が張り付くのは、機械化、省力化になるものの、それだけコスト増になる。

「ロボット……重点分野」の次葉には、高齢単身世帯に700万台分、介護職員に240万台分を2025年の需要とし、1台10万円程度の介護ロボットの提供を示している。安価が悪いわけではないが全自動への記述はどこにもない。

「介護者1人に1台のロボットを提供しよう」、すると職業病的な『腰痛』が防げる……といったレベルの政策ではいただけない。考えたとしても過渡期的とすべきものだ。

私は前図に2025年・ロボット2000万体（うち介護施設1000万体、家庭用1000万体で介護職員50万人としたが、ようは介護職員を減らし、50万人で1000万体（1人で20体）のロボットを管制管理し、低価格で高品質なサービスをして介護職員の給与を手厚くすることを目標にしたからだ。

国がやらねばならない課題は、少子高齢化がすすみ25年には２４０万人が必要になる。それでは財政面他から抜本的な方向性を企画しなければ不可能だ。

であれば50万人の介護職員と全自動ロボット１０００万体体制でやろう。

すると技術革新と社会システムの改革が必要だ。技術的には現在の日本の要素技術の高さからすると十分すぎるほど可能なレベルにある。社会システムの構築は、まさに政策の分野で経産省も厚労省も、そうした政策推進をしなければならない。

国家の政策推進は、そうした視点でやるべきだ。

■パワースーツ型ロボットの可能性

近年、介護現場で介護職員の力仕事をパワーアップさせる着用型のパワースーツが各研究機関や各社で考案されている。

東京理科大学の小林宏教授らと株式会社菊池製作所は人工筋肉を利用した動作補助ウエア「マッスルスーツ」を開発・販売する大学発ベンチャー「株式会社イノフィス」を２０１３年末に設立した。約30キロの荷物を軽く持ち上げる介護用のスーツで価格は30万円から50万円ほどだ。

訪問入浴介護の現場にも１００台ほどをテスト導入され、好評らしい。14年内にも発売が検討されて14年度に１０００台、15年度は２０００台、16年度は５０００台の発売を目指すという。

背中に人工筋肉を装着し、圧縮空気で人工筋肉を収縮させ、介護者の腰の動きをサポートする方式だ。こうした介護ロボットは過渡的には意味が大きい。重い要介護者を持ち上げる作業へはきわめて有用だ。

ビジネスベースでは、むしろ建設、住宅、造船などの重量物を扱う業種には、さらに有用だろう。東京オリンピックをひかえて人材不足になっている建設業などへ、女性や高齢者にパワースーツを着用して雇用することには意味がある。

しかし、パワースーツの着用は人材の高コスト化に繋がるため、低価格で競合の激しい分野では経営的なメリットは少ないため、さらに低価格化しないと普及は難しい。

厚生労働省は現在、また今後と、膨大な費用を想定しているが、介護職員に給与が潤沢ではない。

介護ビジネスを、生産性の高いビジネスにする前提には全自動タイプの介護ロボット開発が必要になるだろう。

また、14年に上場したベンチャー企業「サイバーダイン社」（本社・茨城県つくば市・山海嘉之社長）も注目される。人体に装着して使うロボットスーツ「ＨＡＬ」を販売している。筑波大学大学院のサイバニクス研究センターセンター長・山海教授（同社社長）の研究成果の事業化のために２００４年に設立され、大和ハウスなどが出資している。

大和ハウスが国内で独占販売し、大和ハウスグループが手がけてきた全国約２０００ヵ所の介護・福祉施設を中心に、まずは営業するという。

売上高は上場後に30億円程度を予定したが低迷。しかし、将来性は十分に買える。

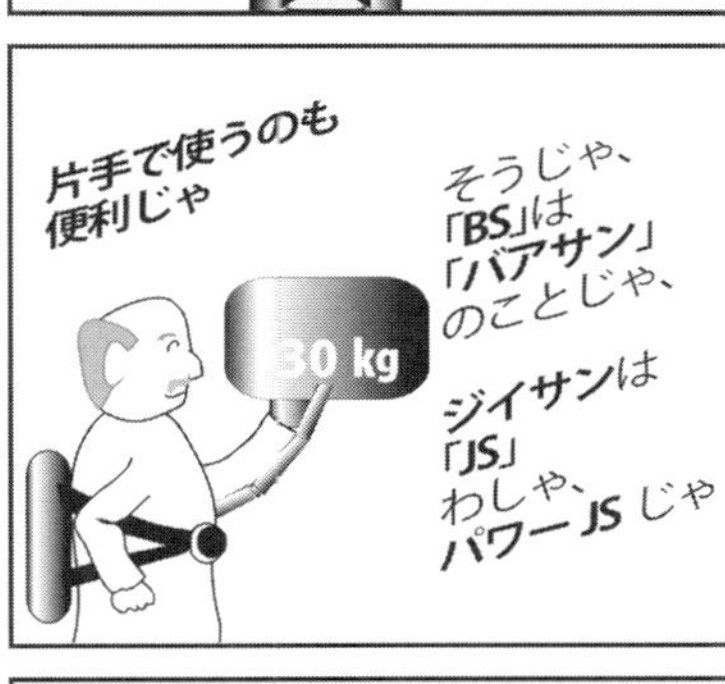

サイバーダイン社の「パワードスーツ」は、体を動かそうとする脳からの指令を、電気信号として検出、駆動モーターで人間の動作をパワフルにして小さい動作でも大きなパワーを作り出して人間の動作を補助する装着型ロボットだ。欧州では医療機器として認定され、医療用としてリハビリなどへの期待は高い。

パナソニック子会社のアクティブリンクは、２０１５年から装着型のロボットを量産化することを明らかにした。まずは年間１０００台を目指すと言う。こちらは相当にパワフルな作業が可能になるもので、建設現場などでは非常に有効かもしれない。

パワースーツがコンパクトで薄型になり、ゆったりした衣服の下に装着できるようになると、大市場が期待できるだろう。

高齢者の弱った筋力や器官をパワースーツがサポートし、転倒防止などへの能力が高いと高齢者や障害を持つ人が街に出ることや、国内外へ旅行に出かけることなどへの意欲が芽生え、高齢者の活発な活動範囲が増す。

もちろん高齢者が仕事を続けることが可能になり90歳現役も視野に入る。

本来は健康で長寿が望ましいが加齢とともに肢体が弱ることは避けがたい。しかし、高齢者の肢体が弱っても、そのまま介護状態になるのではなく極論すれば脳さえ健全なら健常者と同じ生活が期待できる。90歳以上でも普通に外出し、国内外で旅行を楽しみ、普通にショッピングを楽しめる時代は決して遠くはない。

「介護職員が２０１０年の１５０万人から、25年には２４０万人が必要」といった経産省や厚労省の単純趨勢思考は絶対に止めてもらわねば国が破綻する。

どれだけ介護負担を減らし、高齢者が安全に楽しく社会参加できるかを、そして高齢者が市場を活性化させるか想像してみよう。

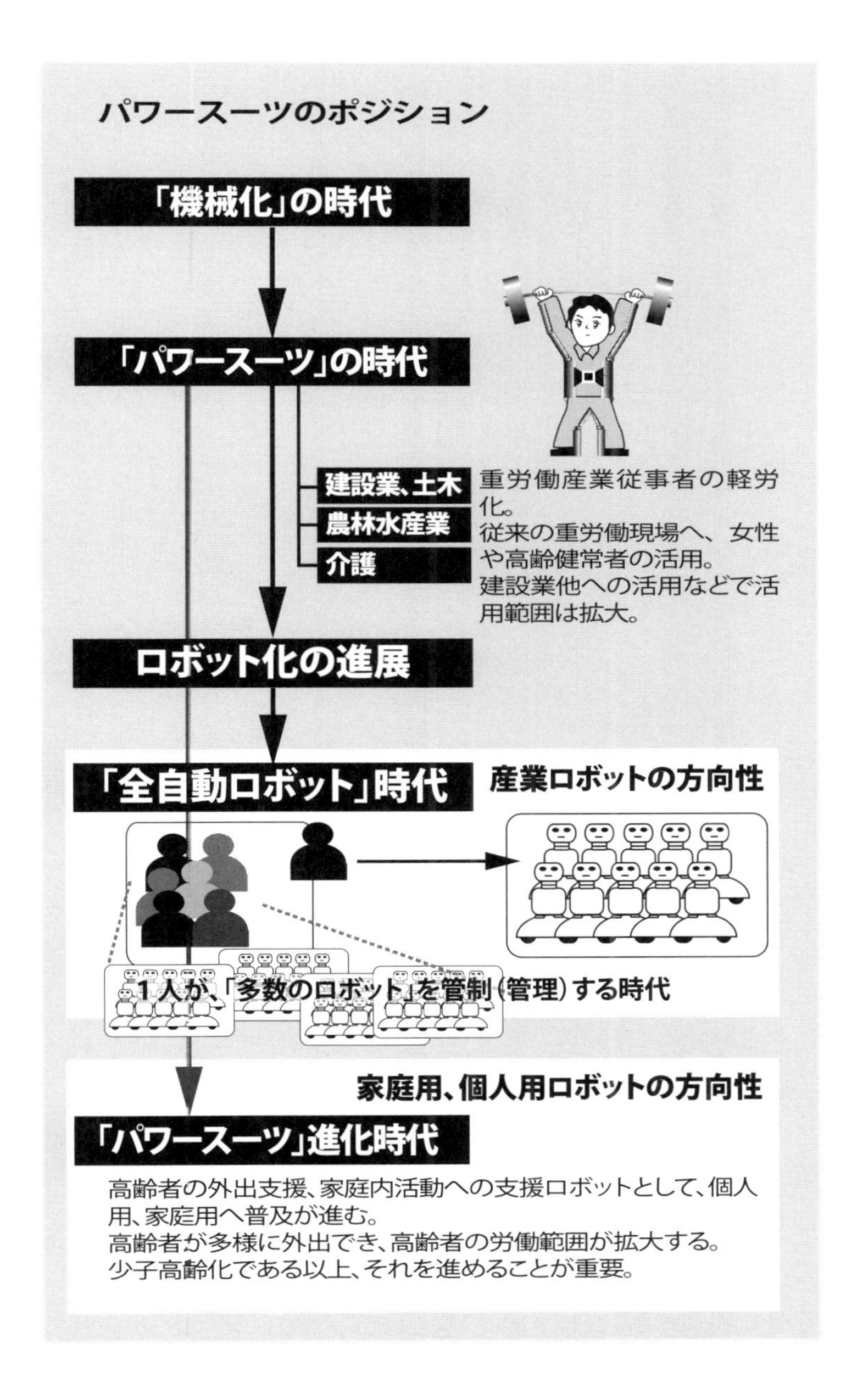

図 4-5. パワースーツの位置

家庭に多種多様のロボットが利用される時代

育児ロボットや家事ロボットの時代も近い

現在、どの家庭にも家電製品であふれている。

しかし、ＮＨＫが１９５３年２月１日に放送を開始したころ、また「もはや戦後ではない」と経済白書に書かれた56年7月には、ほとんどの家庭にテレビも冷蔵庫もなく、家電製品はラジオ以外、家電製品は洗濯機が普及し始めたぐらいだった。

テレビの普及は59年の皇太子（今上天皇）ご成婚（4月10日）の直前からだが、59年の世帯普及率は29％程度、もちろん白黒テレビだった。

現在40歳以下の人達はカラーテレビでアニメを見て育ち、喉が渇けば冷蔵庫を開けて暑ければ氷を入れてミネラルウオーターやジュースを、エアコンの効いた部屋で飲む。朝はトースターでパンを焼いて食べ、冷凍食品をレンジで「チン」して食べる。お母さんが掃除機で掃除するのは、どの家庭でも見られる日常光景だ。

再度言おう。現在、誰でも持っている多数の家電製品は、60年前にはほとんどなかったのだ。先の日常的なシーンは、まったくと言っていいほどなかった。わずか60年でこれだけの大変化することを考えると、今後30年間でどれほどの多種多様のロボットが登場し、活躍するだろうか。

産業用ロボットは大企業ではもはや一般的となり、経産省他は中小企業にも産業ロボットを普及させようとして補助金、助成金を用意している。

人工知能を持ち、学習効果が高いロボットも登場し、さらに進化する。

詳細を語るよりも気軽にイメージしてもらうために、小説仕立てで家庭に入るロボットをイメージしてもらおう。

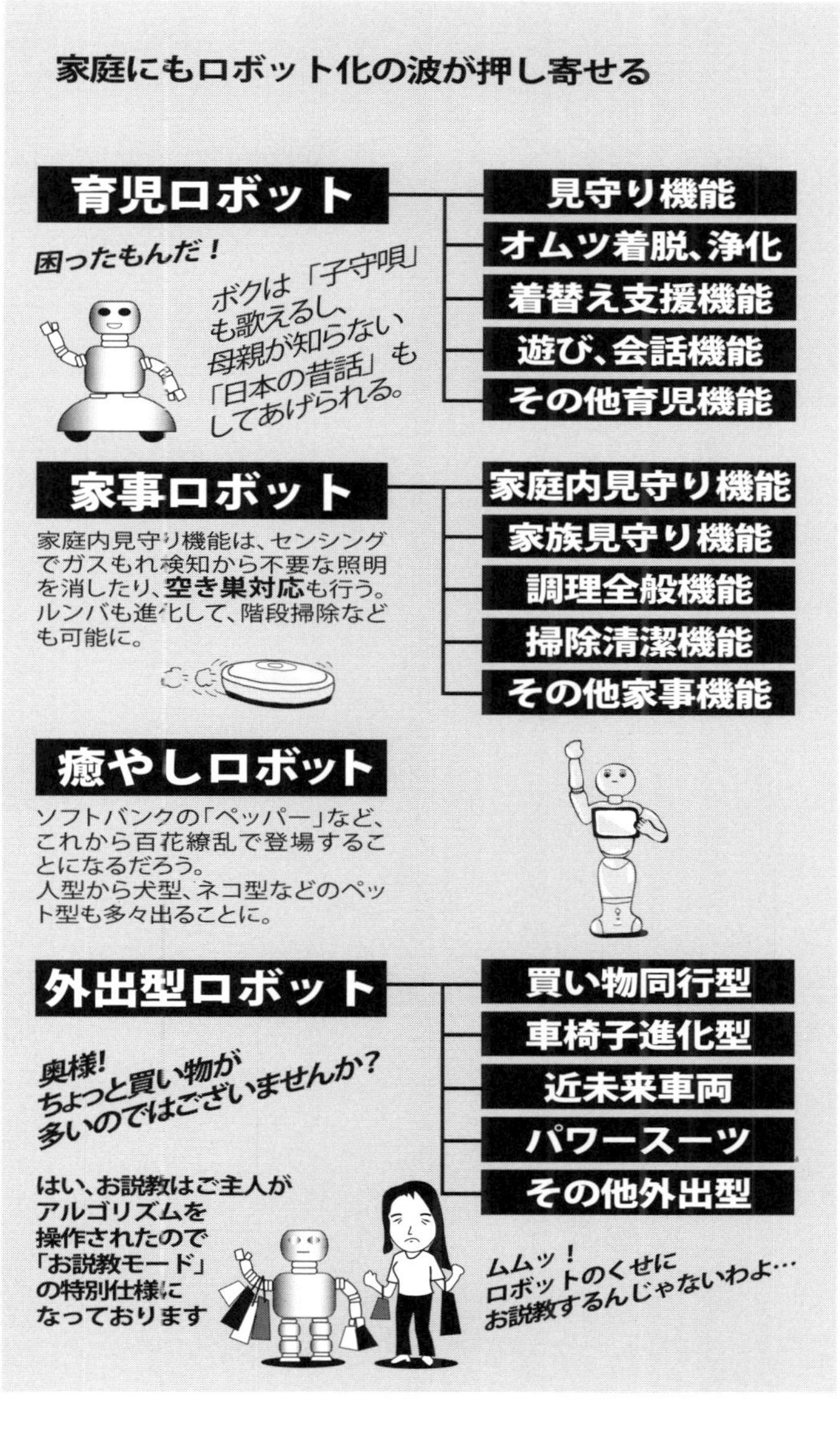

図 4-6. 家事ロボット

2020年、シングルマザー・裕美の帰宅

育児ロボットや家事ロボットの時代も近い

「おかえりなさーい！」

自宅マンションの玄関をあけると、娘の彩絵と育児ロボットの聖子が出迎えている。その2人の声は、ほとんどハモってる。

裕美は、ハイヒールの一方が横転したのもかわまず彩絵を抱きしめてかかえあげ、聖子にはバッグをあずけてリビングルームへと入った。

このところの裕美の日課の帰宅シーンだ。

相楽裕美は、ファッション系の雑誌社『JAスタイル』に勤務するシングルマザーで、実態はともかく、女性たちからは才色兼備のキャリアウーマンの憧れの存在で他の雑誌にもしばしば取材されたりしていた。

『JAスタイル』は、原宿の『宿のJ』と『青山のA』をとって社長が名付け、さらに日本（JAPAN）を意識した社名だが社員からは「ノーキョースタイル」などと揶揄され、裕美もかなりベタすぎるネーミングだと思っている。

文字通り原宿、青山から六本木、渋谷をテーマにした主力のファッション誌『JAスタイル』は、ベタすぎるネーミングとは異なり、世界戦略をとっていた。

ネット系の充実が功を奏し、世界中に講読者数を増やし、さらに伸びていた。

ベトナム語やタイ語やマレー語なども東南アジア各国語も、中韓、欧米諸国もカバーしており、独自のＳＮＳの対応も行って40ヵ国語でのネット対応が世界的に注目されて部数を伸ばしているのだ。

会社としてはその他、数誌を手掛け、日本のファッションに興味がある各国の人からファッションを中心に来日する人たちを対象に旅行代理店も経営していた。

裕美はその『ＪＡスタイル』の副編集長として、さらに将来を嘱望されていた。

しかし、２０１６年、縁あって結婚し、さらに気持ちにもゆとりと充実感があり翌17年には娘の彩絵も授かった。生まれるまでは夫婦とも楽しみにしていたが、子供が生まれて状況が変わった。

「実態はともかく…」と述べたのはそんな理由からだ。

ＩＴ系企業を経営する夫は、彩絵が生まれるまでは子育てへの協力を口癖のように言っていたが、彩絵を授かって以来、仕事を受注するためになどと理由をつけて六本木あたりに毎晩のように出かけ、深夜まで飲み歩くような日々が続いた。それは育児を裕美だけに任せっきりということだった。

裕美はそれまでは仕事が楽しく自信もあり、経営者にも高い信頼をおかれていた。

彩絵を授かるまでは海外出張などにも当たり前に出かけていたが、出産以来、海外出張は事実上難しくなり、ベビーシッターの帰宅時間に合わせて帰宅するために仕事も気ぜわしくなり業務も夕方までに制限しなければならなくなった。

もっと仕事に集中したいという気持ちと、しかし会社への貢献度が減っているかも……という悩みを次第に持つようになっていった。

彩絵が1歳になり、よちよち歩きできるようになったころ、子育てに非協力的な夫は、子育てに奮戦している裕美を裏切り、女性関係も発覚したため、悩むまでもなく裕美は夫に離婚をつきつけた。

２０１８年の年初のことだった。

離婚してベビーシッターを雇い、育児に対する対策もとったが裕美の生活は、精神的にゆとりがなくなっていった。

それからというもの、どこのシングルマザーにもあるように、子育てと仕事の両立で裕美のストレスは大きなものになっていった。

他のシングルマザーに比べれば、ベビーシッターを雇うゆとりもあることで自分自身に納得させたりしてはいたが体調も変調をきたしたり、仕事でもいままでになかったミスが起きたり、周りからはバリバリのキャリアウーマンと思われていた裕美だったが、自分自身が音を立てて崩れてゆくのではという強迫感さえ感じるようになっていた。

そんなとき社長が、裕美を社長室に呼んだ。

裕美は、このところの自分が感じている失敗、失態に対して苦言を呈されるか閑職への転属か、もしかして解雇の話かもしれないと胃痛さえ感じながら社長室に入った。

ところが意に反して社長は、笑顔で迎えてくれ、面食らった。

「相楽さん、ちょっと苦労しているみたいだね。そんななかでいろいろありがとう」

「……」

裕美は答えに詰まり、涙がこぼれそうになったが社長は裕美の状況をことのほかよく理解していた。社長の話は思いがけないものだった。

「ウチにね、正確には、このビルに保育所をつくろうと思うんだ。もちろんキミのお子さんも入ってもらってね」

裕美はにわかに信じられない話の展開に言葉がなかった。

「実はね。厚労省の補助金なども使って社内保育園をつくることにしたんだ。厚労省も育児ロボットを認めて保育士のアシストに本格的に導入できるようになって、育児ロボットは急速に利用が進んでいる。ロボットメーカーの「ロボキン」と子育て雑誌「ベネッタ」が合弁会社『ママザス』を作っているのは聞いたことがあるだろう?」

「あ、はい……雑誌やネットで見たことはありますが……」

「そう、その『ママザス』はだね、子育てロボットを開発するだけでなくゼロ歳からの『ママザス保育園』も運営してFC展開をはじめたんだが、この『ママザス保育園』をウチとビルオーナーとで、ビル内に設置することにしたんだ」

社長は、もうすべて準備しているようで、たたみかけるように説明した。

「うちの社員のゼロ歳児からお子さんをすべてここに入れたい。もちろんキミのお子さん、えー彩絵さんだったね。24時間保育も大丈夫なんだ。するとだね。数日間、一週間でも以前のように海外出張が可能になるよ」

「あぁ……はぁ…」

『JAスタイル』は平均年齢が若く、シングルマザーが数人、さらに乳幼児をもつ男性、女性社員が10人少々いる。社長はビルのオーナーを説得し、また同じテナント企業にも協力して『ママザス保育園』を導入することにし、そのプロジェクト推進を裕美にまかせることにしたというのだ。

裕美は、最近ロボットが介護の分野やペットの代用など、あちこちで活躍をしはじめていることは知ってはいたが、育児ロボットには多少の不安もあった。

社長はママザスのモデル保育園への見学も手配してくれていて、ほぼ同じ悩みを持つ同僚のプロジェクトメンバーと、数日後、数ヵ所へ見学に出かけた。

ママザス保育園の担当者から各種の説明を聞いたが、さらに子供を預けている同じシングルマザーや働くママたちの意見も聞くことができた。

会議室でひととおり説明を聞くと裕美は強く関心をもったのはもちろんのことだ。

「なかなか面白いわよ。この育児ロボット、私の身代わりにもなってくれるの」

説明役のママは、カメラ付きのスマートフォンに向かって会議室の隣の育児室にいる彼女の子供、香奈ちゃんの専属育児ロボット「レオ」くんに連絡した。

「レオくん、香奈ちゃんを会議室に連れてきてくれる?」

まもなく専属育児ロボットと香奈ちゃんが手をつないで会議室に入ってきた。

みんなは一様に驚いた。

なんと育児ロボットの顔が、そのママの顔なのだ。

レオくんという名前の専属育児ロボットの顔の部分には三次元液晶フィルムが装着されており、ママの顔がそのまま液晶画面に投影され、非常にリアルだ。

「今でもありますが職場から保育園の監視カメラで見るシステムがありますね。このロボットは、私が外出先からでも仕事場からでも、いつでもPCやスマホで見守れるようになっていて、それがさらにロボットに進化したわけですね。育児ロボットの最大の特徴は、私自身が疑似的に対応できるんですよ」

「顔がお母さんそのものですね」

「これは驚きですが、ロボットには学習能力があって不安な状況を察知すると、私に連絡が来ます。たとえばビニール袋などを口に入れると危ないですから、ダメッ……と言って取り上げる指示をロボットにすると、次回からはロボットが私の怒った顔をしてビニールをとりあげてくれるんですよ」

みな、うなずきながら聞いている。

「妙な気分ですね。私の怒った顔を見ると、なんか自分自身を客観的に見ることができて、わたしこんなヤナ顔をして怒ってるのかと……」

参加者は、大爆笑につつまれた。

「自分のイヤナ顔を見ると、自分自身がしっかりしないといけない感じになって襟を正す気持ちになれるところなど、なかなか勉強になりますね」

裕美は尋ねた。

「いま、レオくんと香奈ちゃんが話してますけど、そんなに任せてていいんですか？」

「そうじゃないんです。最初は大変ですが学習能力があるので、私は自宅で2時間以上もコミュニケーションをとらないことは、しょっちゅうですよ」

「2時間以上も？」

「そうです。幼児の場合は、おむつ替えは育児ロボットが必須でやってくれますし、ちゃんと見守ってくれてます。その間の状況が知りたければ、録画もされています。昔はベビーシッターがストレス発散に子供を乱暴に扱うことなどが社会問題になったこともありますが、育児ロボットにはそれがありません。なにより優れているのは、基本的な躾すらしっかりしてくれることですね」

裕美は、自分の未来が解放されて、しかも子育てに自信がみなぎってくるような気持ちになっていった。


保育園は、規模別によっていくつかに分類されていた。

『ＪＡスタイル』は、保育士はわずか3人とロボットが30体（いや、これからは30人と呼ぼう）、そして子供25人を預かる仕組みがひとつのユニットとなっている平均的なコースを選択して導入することにしていた。

１人のロボットが、担当の子供に対応する仕組みとなっており、万が一のロボットのトラブルには予備ロボットが即時投入されるなど万全の体制をとっていた。

裕美は、即座に判断し、社長に報告した。

「社長、私は徹底してやります！」

そして『ママザスＪＡ』は２０１８年の秋にはスタート。

裕美は、雑誌の副編集長と同時に、『ママザスJA』の事業部長として兼務した。実務は保育士の人達が行い、裕美は経営を主に担当するため、兼務も可能となった。

保育士が2人、ロボット10人でスタートし、当初はほぼ『JAスタイル』の社員の乳幼児の8人を保育したものの、実態をみた入居ビルの会社からは、1ヵ月もたたないうちに30人に対応を余儀なくされ、ロボットも一気に増やした。

よちよち歩きの1歳児から3歳児までの2年間は彩絵を保育園に預け、自由な時間まで育児ロボットが対応し、その後は裕美が彩絵を連れて自宅に帰っていた。

これはロボットのいない状況を幼児の場合には多くするための配慮だったが、3歳児からは、そのままロボットも自宅に一緒に帰る制度となっていた。

また、帰宅が遅い場合には、育児ロボットと彩絵は、一緒に自宅に帰ることができ、送迎バスが送ってくれていた。

どのママザスの保育園でもそうした制度がとられた。

ロボットの育児能力はネットワークで共有され、『JA』の保育園だけでなく、ママザス全保育園の育児教育も共有されていた。

これらの全体の管理は、ママザスの本社コントロールルームですべて対応しており、映像での記録もとってあるため非常に管理しやすいものだ。

ロボットはネットワーク機能を持ち、保育園内の出来事をロボット間で共有するのと同時に、現在、ママザス保育園は約100ヵ所の保育園を直営とFCで経営しており、3000人のロボットが働き、保育園の開設は急激に増えているという。

ところで、ロボットの聖子は、もう裕美宅に来て1年になるが、この2人の出迎えは何物にも替え難いと、しみじみ思っている。

第5章

群馬からロボット産業の飛躍を

100年後、ロボット発祥の地として世界遺産へ

群馬は先端技術も豊富で多くのロボット産業への潜在企業群がある。もちろん群馬に留まらず、日本全国に多様な可能性のある地域は多い。

2014年『富岡製糸場他』は世界遺産となったが、100年後には世界遺産『ロボット発祥地』をめざそうではないか。

2050年に1億体をはるかに超えるロボットが日本を支える時代を創ろう。

世界最大のロボット大国が少子高齢化を超えて日本の繁栄を築くのだ。

アベノミクス改定と、ロボットの位置づけ

ロボットは新産業の軸になる重要なひとつ

アベノミクス「3本の矢」は、最後の第3の矢「成長戦略」が機能しないで、単に金融政策、財政政策だけでは夢のまた夢に終わる危険性もある。

こうしたなか、2014年10月31末日、米国が金融引き締めの段階を見計らい、日銀の黒田総裁は第1の矢への追加策として2％の物価安定目標と量的・質的金融緩和を発表した。また同日、公的年金資金（約130兆円）を運用するGPIF（年金積立金管理運用独立行政法人）は株式運用の比率を50％に高めた。つまり国債運用を下げた。

これに世界の株式や為替市場は大歓迎した。一気に反応して円安はさらに進行、株価は世界的に上昇し、11月4日午前の東京株式市場は7年ぶりの1万7000円台へと上昇した。一時的に713円という驚異的な上げ幅を見せた。

景気の先行き不安感、今年（14年）4月の消費増税での消費低迷や来年10月への消費増税に対するカンフル剤ともいえるが、いずれにしても第3の矢「成長戦略」が底堅くならないとアベノミクスは成功とはいえない。

第1の矢「金融緩和」は、速攻でできるが円安で輸出関連産業は活性化する。

第2の矢「財政出動」は、国が公共事業へ財政支出を決めれば関連業界が活性化するが、国の借金が増える。借金が増えるから第3の矢で税収が増えないと困るのは政府である。

第3の矢「成長戦略」は、最終的に民間の投資や消費の活況によってはじめて実現するわけで、第1の矢や第2の矢と違い、時間がかかる。

アベノミクスは半ばまで成功したが消費増税は最悪だった。「成長戦略」には悪影響になるだろう。15年4月の消費税10%を18ヵ月先送りしなければならないのがそれを物語っているが、18ヵ月先延ばしで解決するほどことは簡単ではない。

「日本再興戦略」の改訂（平成26年6月24日）が閣議決定され、今回の改訂では、昨年の成長戦略で課題とされた労働市場改革、農業の生産性拡大、医療・介護分野の成長産業化等に解決の方向性を提示し、実に百花繚乱状態だが、そのなかにロボットの言及が以前以上に明確化されている。

ロボットも含め、日本の強みを発揮して次の産業が開花するか、非常に不明確な作文になっている。

少子高齢化を逆手にとって「弱みを強みに変える」戦略が重要なのだ。

細かい作文も多いが現場がちょっと見えていない。経産省の有能なスタッフも委託されたコンサルも産業の現場に遠ければ作文で終わるのはいたしかたなかろう。

ロボット産業の大躍進は技術的には問題なく可能だが、技術から市場までの距離もあり、国や自治体が関係する社会システムとの関係性も高く、技術者へビジョンをどう提供するか、さらにコンセプトや戦略の設定、マーケティングの徹底など課題は多い。

市場形成のシナリオをどう描くかが大きな問題であり課題なのだ。

さあ、できるのか？

ロボットに関連して各省庁とも以前から学識経験者や企業をまじえて審議会や委員会などが開催されてじつに多様な研究がおこなわれている。

各省庁各局部課で、百花繚乱と言っていいほどで、どう戦略的に統合されていくのかが逆に見えないほどだ。

総務省は、旧自治省、旧郵政省が統合された経緯もあり、災害時の通信ネットワークや災害対策ロボットなどへの研究が多い。また高齢者や要介護者へのネットワークロボット技術の高度化をうたっている。

情報通信国際戦略局 技術政策課 研究推進室が、平成26年8月にまとめた「ICTを活用した自立行動支援システムの研究開発」によると、達成目標を以下としている。

――高齢者・要介護者の積極的な社会参加を促し、健康増進や生活の質の向上等を図るため、また介護者の負担軽減を図るために、ネットワークロボット技術（注1）の高度化等により、高齢者・要介護者の自立的、安全・安心な行動を支援する情報通信技術（ICT）を活用した自立行動支援システムを実現する必要がある。このため、本研究開発では、生体情報やセンサーを用いた周辺状況認識技術、自動的に近傍の危険を回避する技術、ネットワーク接続環境の変化に対応した制御技術を確立する。また、当該システム構成の要素技術の国際標準化を推進することで、我が国の国際競争力を強化する。――

総務省の情報通信白書の子供版「情報通信白書 for Kids」などには、お年寄りがロボットとケータイで通信しながら買い物をするお年寄り支援ロボットを画いている。

注1：ネットワークとロボットが融合した技術。ネットワークを通じて情報収集や状況分析を行うことにより、ロボットがきめ細やかな動作を実現できる。

経済産業省は、ロボット開発や関連要素技術を有する各業界などとの連携があり、もっとも活発な省だが平成27年度から**低価格産業ロボットの開発・製造の助成**を検討するという。

産業用ロボットは、自動車製造などへ高価格なものが多いが中小企業むけの低価格なロボットは少ない。これを開発・製造する企業へ補助金を検討するという。中小企業などは人手不足も多く、ロボットが支援できることを想定し、さらにアベノミクスの成長戦略に掲げた「ロボットによる新たな産業革命」への一環だ。

製品の箱詰め、食事の配膳、倉庫での貨物搬送や清掃など単純作業に機能を絞り込んだロボットで1台200万〜300万円程度の価格目標と、けっこう細かい。

1案件最大1億円を研究開発費として補助するなどを27年度予算に計上するようだ。

さらにロボットを導入する中小企業やサービス事業者に対しても助成金を用意するという。市場ニーズにあったロボット普及を促進する狙いでシステム構築や保守点検などにかかる費用の3分の2を助成し、活用を促す考えという。

厚生労働省は医療介護の中核にあるが介護に関して経産省と共同歩調をとり、以下を推進している。「日本再興戦略（平成25年6月14日閣議決定）」では「ロボット介護機器開発5ヵ年計画」が盛り込まれ、ロボット介護機器の開発と導入に戦略的に取り組む。

これを受け、経産省と厚労省は、平成24年11月22日に「ロボット技術の介護利用における重点分野」を策定し、今年度から開発支援を開始。新たに25年度補正予算を活用、介護現場への導入に係る大規模な実証を行うという。

本格的な現場への導入・普及に向けて各重点分野の安全基準の作成を進め、ロボット介護機器を含む生活支援ロボットの包括的な国際安全規格ＩＳＯ１３４８２が発行される見込みで、今後この規格の改訂や詳細規格の提案に向け、実用性の高い安全基準作りを進めるようだ。

農林水産省も、当然**「若少老多業態」**を認識し、ロボット化を進め「スマート農業の実現に向けた研究会」検討結果の中間とりまとめ（平成26年3月28日公表）の趣旨には以下が示されている。

――我が国農業の現場では、担い手の高齢化が急速に進み、労働力不足が深刻となっており、農作業における省力・軽労化を更に進めるとともに、新規就農者への栽培技術力の継承等が重要な課題となっています。（中略）**ロボット技術やＩＣＴを活用して超省力・高品質生産を実現する新たな農業（スマート農業）**を実現するため、スマート農業の将来像と実現に向けたロードマップやこれら技術の農業現場への速やかな導入に必要な方策を検討する「スマート農業の実現に向けた研究会」を設置します。――

として、もちろんロボット化を視野に入れている。

国土交通省は高速道路から鉄道網ほかインフラを管理しているが、老朽化の進行、地震及び風水害等の災害リスクの高まり、人口減少・少子高齢化等の課題に直面し、「維持管理・災害対応（調査）・災害対応（施工）」の3つの重要な場面に対して**「次世代社会インフラ用ロボット開発・導入重点分野」**を平成26年12月25日に策定している。

文部科学省は、研究開発局のテーマにロケットや人工衛星、海底探査や南極観測、国際熱核融合実験炉など宇宙、海洋、原子力等の分野での国家規模での研究開発を推進しており、ロボットはその範疇にあり、各大学のロボット研究開発と密接に関わっている。

また、2010年に小惑星探査機「はやぶさ」が帰還して日本中を感動の渦にまきこんだが、その後継機「はやぶさ2」を種子島から打ち上げた（14年12月3日）ＪＡＸＡ（独立行政法人宇宙航空研究開発機構）も文科省傘下だ。

群馬は農業林業県、さらに先端技術も豊富

農林を軸とした、産業活性化を

群馬は日本でも有数の農業県だ。

隣接する新潟県や長野県との県境は、谷川岳をはじめとする急峻な山岳地帯だ。このエリアは日本でも、いや世界的にも有数な降雪地帯で冬には膨大な降雪がある。この山岳地帯が自然のダムともなって、片品川、吾妻川へ、そして利根川へと潤沢に流れてくる。

水量では日本最大級の利根川水系の豊富な水資源は、群馬県の農産物の生産に供するばかりでなく首都圏の工業用水と農業用水にも利用され、もちろん生活用水にも利用されて首都圏の水がめそのものだ。

群馬県は広大な関東平野の北西端に位置し、耕地が10〜140メートルとゆるやかな標高差があり、温暖な気候の平野部から1000メートルを超える清涼な高原地帯を構成していることから多様な作物が栽培されている。

首都圏の近郊という恵まれた立地で東京、横浜など巨大な都市の胃袋へ膨大な食料を提供している。これは千葉県、茨城県、栃木県なども同様だ。

群馬県の野菜出荷量をみると、第1位には、「うど」「モロヘイヤ」などがあり、「こんにゃく芋」は日本の生産量の90%を超えて生産される頭抜けたナンバーワンだ。

また「キャベツ」は涼しい気候で栽培されるため、冬は愛知、春は千葉、夏は群馬と言われているが夏は清涼な気候の群馬の高原地帯が主生産地になる。

年間の出荷量は愛知県と競って1位、2位はよく変わる。2012年は愛知県の26万2900トンに続いて第2位で25万9700トンの生産量を誇っている。

第2章に嬬恋村のキャベツ農場を題材にしてロボット化の推進を小説仕立てで示したのはそうした理由もある。

表5-1に示すように各都道府県順位を示すと、多くの野菜が生産量の上位を占めており、農業出荷額全体では15位を占めている。耕地面積を見ると7万6300ヘクタールと全国19位で生産性も高い傾向を示す農業県だ。

群馬県の野菜生産規模

全国順位	野菜	出荷量トン（t）	全国シェア（%）
1位	こんにゃく芋	61,700	92.0
1位	うど	933	31.7
1位	モロヘイヤ	441	28.1
2位	キャベツ	226,800	17.9
2位	ふき	1,470	13.5
2位	きゅうり	49,800	10.1
3位	レタス	52,200	9.9
3位	チンゲン菜	3,010	7.1
3位	ほうれん草	18,500	8.5
3位	なす	20,300	8.2
4位	枝豆	4,510	9.0
4位	春菊	1,920	7.5
4位	しいたけ	3,966	6.0
4位	とうもろこし	8,310	4.1
5位	ゴーヤ	1,395	6.7
5位	にら	3,350	5.9
5位	しそ	406	4.8
5位	まいたけ	1,836	4.2
5位	白菜	23,200	3.2
5位	ねぎ	15,100	3.9
6位	小松菜	5,340	6.2
6位	ごぼう	6,770	4.8
7位	なめこ	1,344	5.2
7位	みずな	1,230	3.3
9位	トマト	23,200	3.6
9位	玉ねぎ	8,730	0.9

出典：農林水産省統計データ　2012年

表5-1. 群馬県の野菜生産

群馬のロボット産業への潜在企業群

群馬にある多数のロボット産業、要素技術をもつ企業群

群馬県は農業県でもあるが、もうひとつの顔は工業県だ。

つまり、農工連携がとりやすい特性をもっている点は大きな強みだ。

ことに自動車業界6位（日本での生産量）の富士重工株式会社（本社東京都・吉永泰之社長）が、群馬県内に主力工場の４ヵ所を有し、稼働させていることは群馬県の産業レベルの向上に大きな影響を与えている。

太田市には本工場、矢島工場、太田北工場の３工場を、大泉町に大泉工場を有しており、２０１３年から14年へ売上高前年比を26・３％と増加させて好調だ。

自動車産業の裾野はじつに大きい産業で、富士重工の存在が群馬県のリーディング産業として位置づき、群馬県広域にわたって素材・部品関連産業から金型・プレス・切削加工等基盤技術産業まで、幅広い産業集積がある。

こうした企業群は技術水準も高く、ロボット産業への動きが顕著になると、新たな展開を十分に起こせるだろう。

こうした背景もあって群馬県の工業生産高は7兆７０３４億円に及び、事業所数は２０１２年５４２０から13年５１９１事業所と減少傾向にもかかわらず、この間の生産高は３・４％と伸び、生産高では全国14位と上位に位置している。

群馬県は技術水準の高い工業県といえよう。

1人あたりの県民所得は47都道府県のなかで11位と京都府よりも上位に位置する豊かな県で、地価や住宅の賃料の安さを考えると実質的な豊かさはさらに高い。

また、ロボット産業への要素技術などを有する企業は無数にあり、こうした企業群が広大な農業エリアの中に位置しており、これら企業の取り組み次第、また農業者の事業意欲のなかから農業ロボットなどの本格化がおこる可能性が高い。

ロボット産業へ至近距離にいる、群馬県の企業群を212ページより一部紹介しよう。

群馬県自体も積極的に動いており「群馬県次世代産業振興戦略」では、

――「国内外との競争に打ち勝つことができる、新・産業構造を構築する」とし、国内市場の低迷や経済のグローバル化などの産業構造を取り巻く厳しい環境の変化の中で、10年～20年先においても、本県ものづくり企業が時代のニーズに対応し、力強く生き残っていくための布石を打つ。「ロボット技術の介護利用における重点分野（平成24年11月22日　経済産業省・厚生労働省公表、平成26年2月3日改訂）」のロボット介護機器の開発・実用化を促進するため、企業の開発に対し補助を実施します。市場拡大分野への参入促進を図る」――

として積極的な対応を図っている。

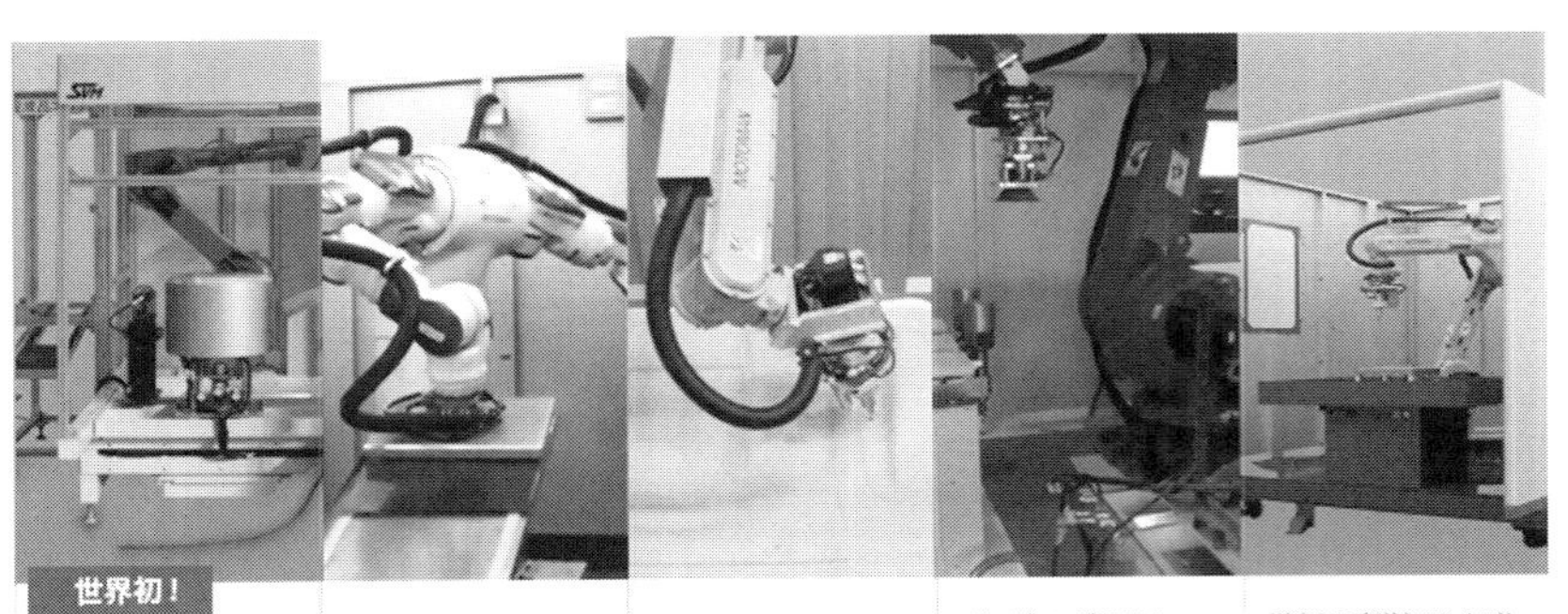

製造ラインの完全無人化を目指す
……6軸多関節ラインを駆使した加工ライン……

世界にない技術を持ち、産業ロボットの分野で世界にロボット技術を提供している会社がある。

３軸程度でもトラブルの多い産業ロボットだが、６軸７軸でも技術的にクリアするどころか、非常に難易度が高い「樹脂成形ライン無人化システム」で世界的に注目を浴びている。

驚異的なのは、２台の多関節産業ロボットで、成形された直後の樹脂成型品を１台のロボットで取り出して空中に支持したまま、もう１台のロボットがあっという間にバリ取り処理をする２台での空中処理ロボットは、世界的に誰もまねができない。２次加工工程においては実際に３年間24時間の無人加工を実現している。

取り出した成形品は80℃を超え、そこで人が作業する環境は50℃に達する厳しい環境で、とても作業者は集まらない。

射出成形工程の後工程における樹脂成形品の２次加工（バリ取り、穴あけ、面取り）の完全自動無人化を達成している。

■ **日本省力機械株式会社**（代表取締役社長　田中章夫）
〒372-0826　群馬県伊勢崎市福島町173
電話：0270-40-3111　FAX：0270-40-3112
http://www.n-s-k.co.jp/

大人気のロボット会社
……アミューズメントロボットを採算度外視でつくる……

農業関係での全自動システムなどを主業務とする「榊原機械株式会社」は、社員の遊び心や技術能力の向上のために、まったく採算度外視でロボットを作成している。

資源活用・堆肥化処理関連では発酵攪拌機や攪拌機・乾燥機、酪農関係で必要な全自動乾草切断機など、本業での業績は大きく、ゆとりで社員教育の一環としての活動だ。最近は、アミューズメント・ロボットの会社としてひろく全国に知られるようになっている。

中央のロボットは「キッズ・ロボット」で、子供が乗機して安全に、楽しく操作できるようされている。

左右のロボットは「ランドウォーカー」と呼ばれ、2足のすり足走行する機能を持つ。右側は筆者が搭乗して操縦したが、実に面白い。

小学生の工場見学などでは多くの見学希望が殺到しているという。

■ **榊原機械株式会社**（代表取締役社長　榊原一）
〒370-3503　群馬県北群馬郡榛東村新井 685-4
電話：0279-54-2184　FAX：0279-54-2250
http://www.sakakibara-kikai.co.jp/

世界レベルの組り込み開発技術

……日本の自動車関連の研究開発部門へ展開……

1969年にコンピューターの共同利用を目的として高崎卸商社街共同組合、各産業界の賛同をもって高崎市に設立された古い歴史を持ち、それだけ多様な技術を持つSE会社である。

設立の経緯から流通向けパッケージをはじめ、医療向けのパッケージソフト、さらには車載、産業機器(FA)、各種製品の組み込みソフトへも多数の実績があり、ソフトだけでなくハード設計を含め、先進技術をユーザーへ提案している。人が行う作業をセンシングして「ロボット・ティーチングシステム」も開発し、ロボットへ適用できる要素技術の提供も行う。

「弊社には、制御技術に関してできないものはほとんどありません」とマイクロシステム事業部の阪本隆一事業部長は言う。

それを示すように日本の代表的な自動車メーカーを含め業界の複数社と提携し、車の重要なコントローラも社内で機密体制を徹底して受託して開発するなど活動範囲は全国区だ。

■ 株式会社高崎共同計算センター(代表取締役社長　井上彩)
〒370-0854　群馬県高崎市下之城町 936-20
電話:027-381-8700　FAX:027-310-1127
http://www.tkcc.net/

宇宙衛星用のカメラにも採用される技術
……本格的な自動化ラインまでも提供……

小規模だが実に広範囲な要素技術を多くの企業に提供するだけでなく、精密機器製造ラインまでも開発・設計・製造して提供するという総合的なパワーを持つハイテク企業である。

光学レンズ、一眼レフカメラ、コンパクトデジタルカメラ、プラネタリウム、防犯カメラ、テレビや映画撮影、超微細なレンズの組み込みなどは多くの企業に提供している。

光学系にはことに強く、宇宙衛星用カメラなどの高精細度技術もセットアップメーカーに受託して提供し、宇宙でも活躍している。

本格的な設備投資も行い、最新鋭機器を多数導入しており、多くの試作から本格的な製造ライン受託も行うパワーを持つ。

こうした工作機械などを徹底活用して精密機器の製造ラインなど産業用ロボット技術も駆使し、開発から設計、製造して企業に提供している。

■ **株式会社サンシステム**（代表取締役社長　五十嵐豊）
〒370-0871　群馬県高崎市上豊岡町916-2
電話：027-340-3220　FAX：027-340-3221
http://sansystem.biz/

世界で活躍する電子部品メーカー

……小型大容量積層セラミックコンデンサで世界的シェア……

欧米やアジアに多数の生産・販売拠点網を構築し、グローバルに事業を展開する電子部品メーカー。

群馬県内に6ヵ所の拠点を持ち、なかでも「高崎グローバルセンター」は統括拠点として太陽誘電グループのワールドワイド運営の中核的役割を担っている。

主力製品である小型大容量積層セラミックコンデンサでは、世界的なシェアを持っている。

「素材の開発から出発して製品化を行う」を信条に、高い技術力を活かしたスーパーハイエンド商品を次々と開発し、スマートフォンなどのエレクトロニクス機器の進化に貢献している。

近年は自動車をはじめとした高信頼性市場への進出を積極的に展開し、ロボットやハイテク機器に組み込まれる電子部品やソリューションの提案も強化している。

■ **太陽誘電株式会社**（代表取締役社長　綿貫英治）
本社：〒110-0005 東京都台東区上野6-16-20
高崎グローバルセンター：〒370-8522 群馬県高崎市栄町8-1
電話：027-324-2300　FAX：027-324-2301
http://www.yuden.co.jp/

半導体製造装置などで多くの実績

……ミクロン単位の驚異的な鏡面加工など精密さに強み……

半導体製造装置や省力省人機器などで多くの実績があり、さらに精密機械や精密金型の部品など、さまざまな製品の設計から製作までをトータルに手がける。

製品の全品検査はもとより精密三次元測定による厳格なチェック体制と信頼性の高い品質管理を徹底している。最新鋭の設備を多数導入し、要求された品質以上のものをつくっている。

一例を挙げると鏡面加工など、一般的な検査機器では測定できないミクロン単位の鏡面を持つ製品を高い安定性で実現するなど、精密さにおいては高い技術を自他ともに認める。

ソフトウェア開発販売（装置制御、画像処理、データ分析収集）にも強く、細野社長は、半導体から培ってきた多様な技術を、産業用ロボットだけでなく、多様な用途のロボットへも意欲を見せる。

■ **システムセイコー株式会社**（代表取締役　細野正己）
〒370-3523　群馬県高崎市福島町 713-5
電話：027-373-2625　FAX：027-373-2645
http://www.system-seiko.co.jp/

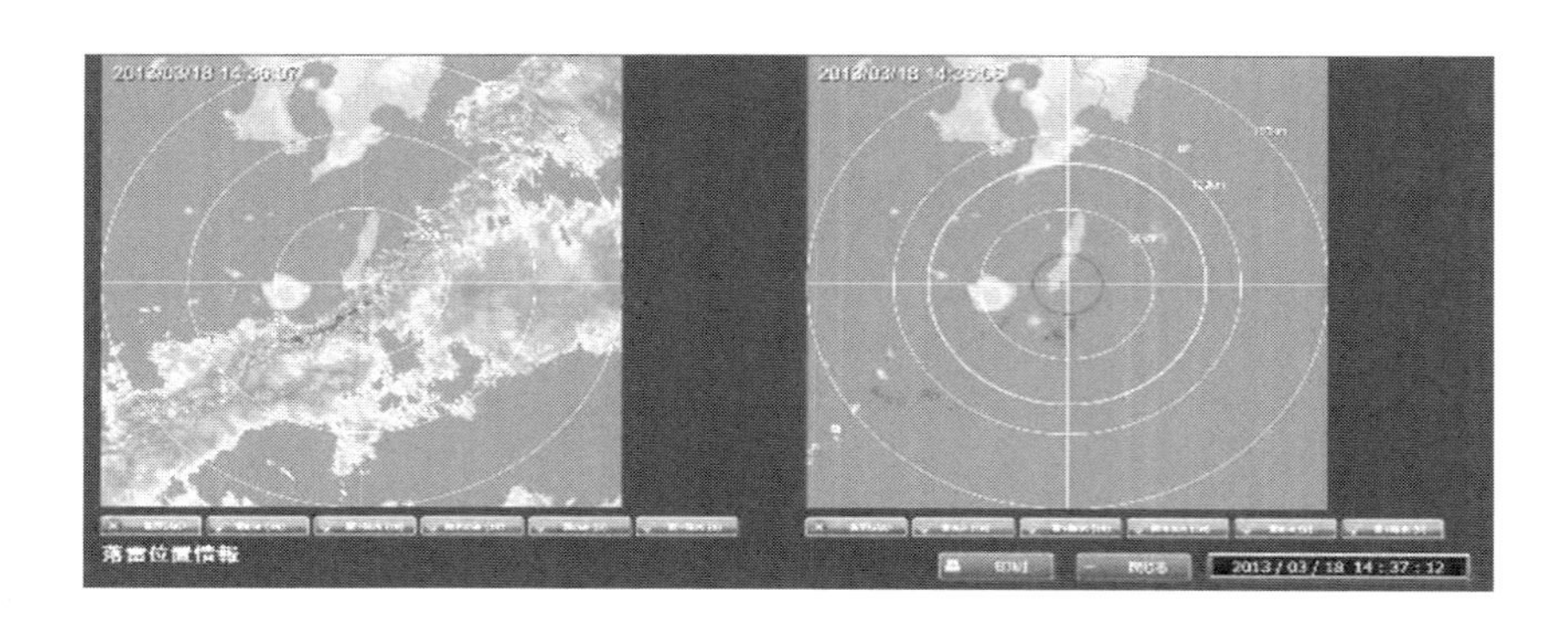

ＬａｂＶＩＥＷソリューション日本一

……日本唯一のプラチナパートナーとして……

ペリテックは、日本におけるＬａｂＶＩＥＷ（ラブビュー）のナンバーワン企業で、ＮＩ（ナショナル・インスツルメンツ）社の中で最も厳しい審査基準を通過し、日本唯一のプラチナメンバーに認定されている。

ＬａｂＶＩＥＷは、米国ＮＩ社が開発したアプリケーションで、グラフィカル開発環境で、柔軟性・拡張性に優れた設計、制御、テストアプリケーションを短時間で構築できる特色があり、世界のディファクトスタンダードとなっている。

グラフィカルで可視化されたアプリケーションは、非常に短時間に開発作成できることから、年々進化するコンピューターやハイテク機器製造現場などへ、結果的にコストを抑え、短期間に開発提供できる体制があり、多数の実績を持つ。

ペリテックは、その特色を活かしてさらに産業ロボットから、今後展開するロボット機器他へのサポートを目指している。

■ **株式会社ペリテック**（代表取締役社長　平 豊）
〒370-0862 群馬県高崎市片岡町 1-17-2
電話：027-328-6970　FAX：027-322-7218
http://www.peritec.co.jp/

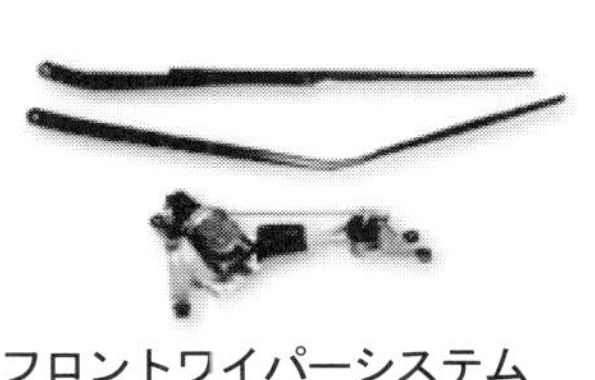

フロントワイパーシステム

自律走行ロボット「メイト君」

スターターモーター

ライフサポート製品
（介護ベッド関連）

自動車産業に、世界的なシェア
……2輪車のスターターモーターでは世界トップシェア……

群馬の代表的な世界的企業である。

バイクなどの2輪車のスターターモーターにおけるシェアは世界トップで、もちろん4輪車にも多くの部品を供給する。

自動車を運転する人は、雨の日に当然、フロントガラスをワイパーにごやっかいになる。世界で生産している会社は、わずか4社。日本ではデンソー、そしてミツバの2社のみだ。

自動車部品は、きわめて厳しい品質によって製品化されており、そのままロボットの要素技術には最適と言われる。

経産省補助金「ロボット介護機器開発・導入促進事業（開発補助事業）」採択されており、ライフサポート製品などにも応用されている。

さらに自律走行ロボット「メイト君」なども開発、ロボット産業への至近距離に位置している。

■ **株式会社ミツバ**（代表取締役社長　長瀬裕一）
本社：〒376-8555 群馬県桐生市広沢町1-2681
電話：0277-52-0111　FAX：0277-52-0111
http://www.mitsuba.co.jp/

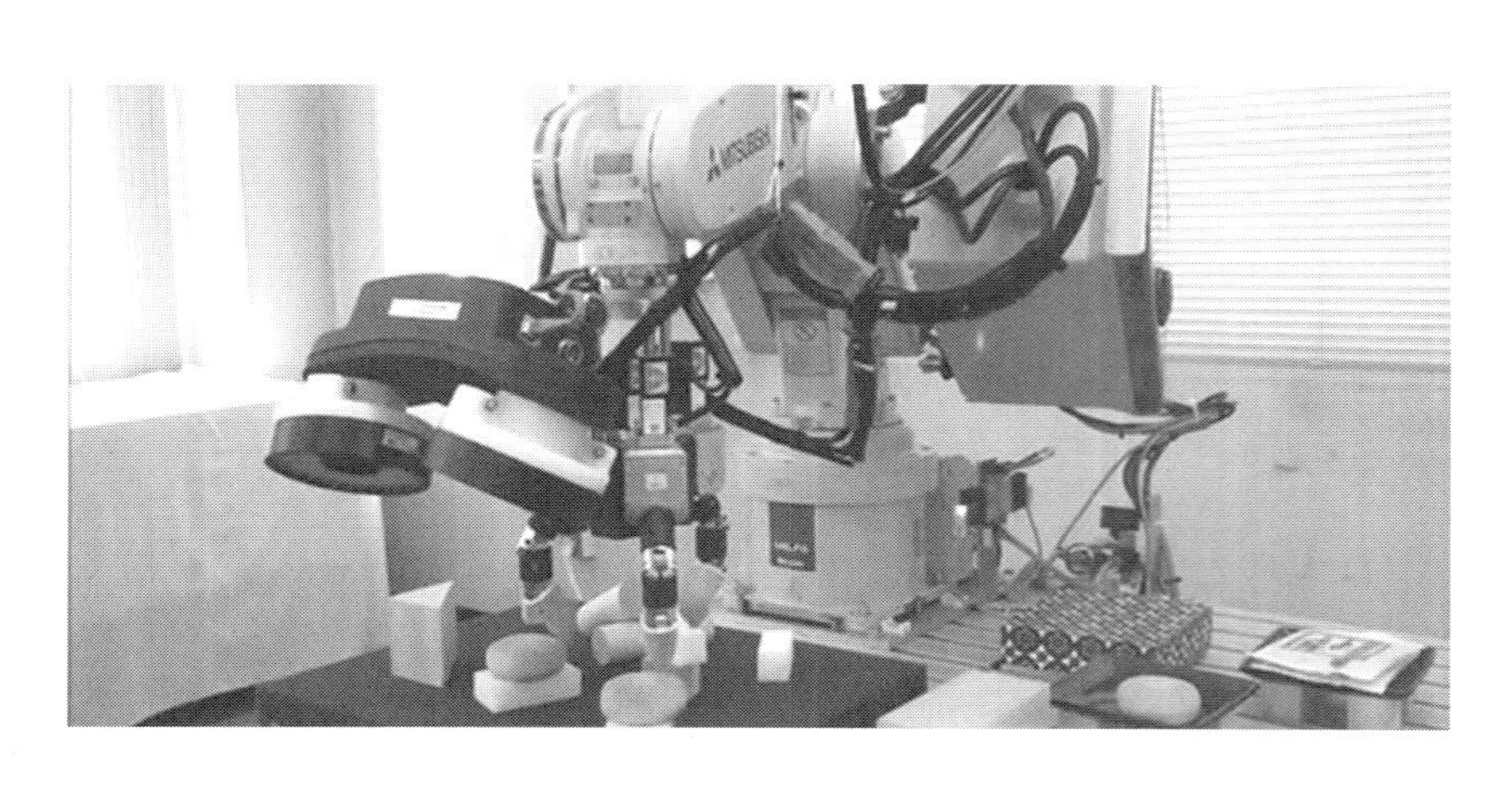

自動車産業ほか、ロボットひとすじ
……他業界のロボット化に意欲……

自動車産業のロボット化を軸に、多くの生産ラインのロボット化を推進する。

自動車の車体は、ドア、ボンネット、トランク、エンジンルームやシャシー、またエンジンやタイヤなど駆動部や電子電気系によるさまざまな部品で構成される。

「ウエノテクニカ」は、溶接ロボットなどでは群を抜く実績があり、一例をあげればドア1枚という車体の一部でも10点以上の部品からなり、産業用ロボットで溶接して完成する。

また、これらを同じ品質で生産できる設備の設計、製作を行い、多くの自動車メーカーに納入する。

自動車の産業用ロボットのノウハウは、薬品、食品、化粧品などのラインのロボット化を推進し、省人化への実績は多い。

ステレオカメラとマルチフィンガーを組み合わせたロボットシステムを開発。じつに多くの分野への可能性を示唆している。

■ **株式会社ウエノテクニカ**（代表取締役社長　松井真二）
本社：〒376-0013　群馬県桐生市広沢町5-1311
電話：0277-52-0546　FAX：0277-52-5868
http://uenotechnica.com/

防衛省　技術研究本部　陸上装備研究所　一般公開で撮影

指揮統制装置

衛星通信も含めた多重の無線システムで指揮統制する。さらに中継器車両が無線を中継する位置に移動して、作業車両へ指示を確実に伝える。万全を期し数台が中継する。

CBRN 対応遠隔操縦作業車両システム

中継器ユニット（遠隔操縦車両）

CBRN 対応遠隔操縦作業車両システム

遠隔操縦装軌車両

注1：CBRN: 化学（Chemical）、生物（Biological）、放射線（Radiological）および核（Nuclear）の略

小惑星探査ローバ「ミネルバ」（左）

提供：独立行政法人　宇宙航空研究開発機構（JAXA）

宇宙・防衛・災害対応で世界に誇るレベル

……小惑星探査にもその技術が……

種子島から宇宙へロケットが打ち上げられたら、「株式会社ＩＨＩエアロスペース（以下、同社）」の技術がどこかに使われていると思っていい。日本の宇宙、災害対応、防衛技術の要にある会社だ。

東日本大震災後の原発被害などのように、無人で現地の被災状況の情報収集や瓦礫撤去等の対応の必要がある場合、数10キロ離れた箇所から確実に無線対応する必要がある。そこで防衛省の陸上装備研究所は「ＣＢＲＮ（注1）対応遠隔操縦作業車両システム」を開発中で、同社も参画している。多重な無線通信システムを搭載した無人操縦の仕組みは、ロボットそのものだ。

２０１０年６月、「はやぶさ」帰還に日本中が熱狂した。２００３年５月、ＪＡＸＡは小惑星イトカワへ「はやぶさ」を打ち上げて着陸し、困難を乗り越えて7年かかって帰還したが「はやぶさ」に搭載された円筒形ロボット「ミネルバ」を設計製作したのも同社だ。

同社の素晴らしい技術は日本に夢をも提供する。

■ **株式会社ＩＨＩエアロスペース**（代表取締役社長　木内重基）
本社：〒135-0061 東京都江東区豊洲三丁目1番1号 豊洲 IHI ビル
群馬県富岡事業所：〒370-2398 群馬県富岡市藤木 900
電話：0274-62-4123　FAX：0274-62-7711
https://www.ihi.co.jp/ia/

病院向け回診支援ロボット（左）**「テラピオ」**。福島県立医科大学のアドテックスの寄付講座で生まれ、豊橋技術科学大学の協力で開発された。

無呼吸症候群向け呼吸補助装置用コントローラ（中）
電子トランス（右）

各種自動制御機器で、最後に頼られる会社

……「自動制御」と各要素技術で……

コア技術「自動制御」とハード、ソフト、メカニカルな各要素技術を有機的に結合し、ローコストで優れたFA機器や半導体製造関連装置、ME（医療）機器の各種を開発する特色を持つ。

スタッフの70％が技術者で大学研究室とも産学連携して共同研究を行い、他を圧倒する技術を提供する。

工作機械は温度で微妙な狂いを生じるが温度センサーと自動制御でミクロン単位を制御。また地震関知で工作機械を停止し、安全確保するなどFA機器の制御技術も注目されている。

MEでは「痛み」とは感覚的なものだったが、筋肉の電流値から「痛みの数値化」に関東経済産業局新連携事業で連携企業として参画。痛覚測定システムも開発し、医療分野から多くの注目を浴びている。

最近では病院むけ回診支援ロボットを開発し注目を集めているが、佐藤社長は「ニッチな分野に特化して、高いシェアを目指す」と明言し、小さい市場でも重要な分野で高度な製品を生み出している。

■ **株式会社アドテックス**（代表取締役社長　佐藤弘男）
本社：〒370-1201　群馬県高崎市倉賀野町2454-1
電話：027-320-2800　FAX：027-320-2353
http://www.adtex.com/

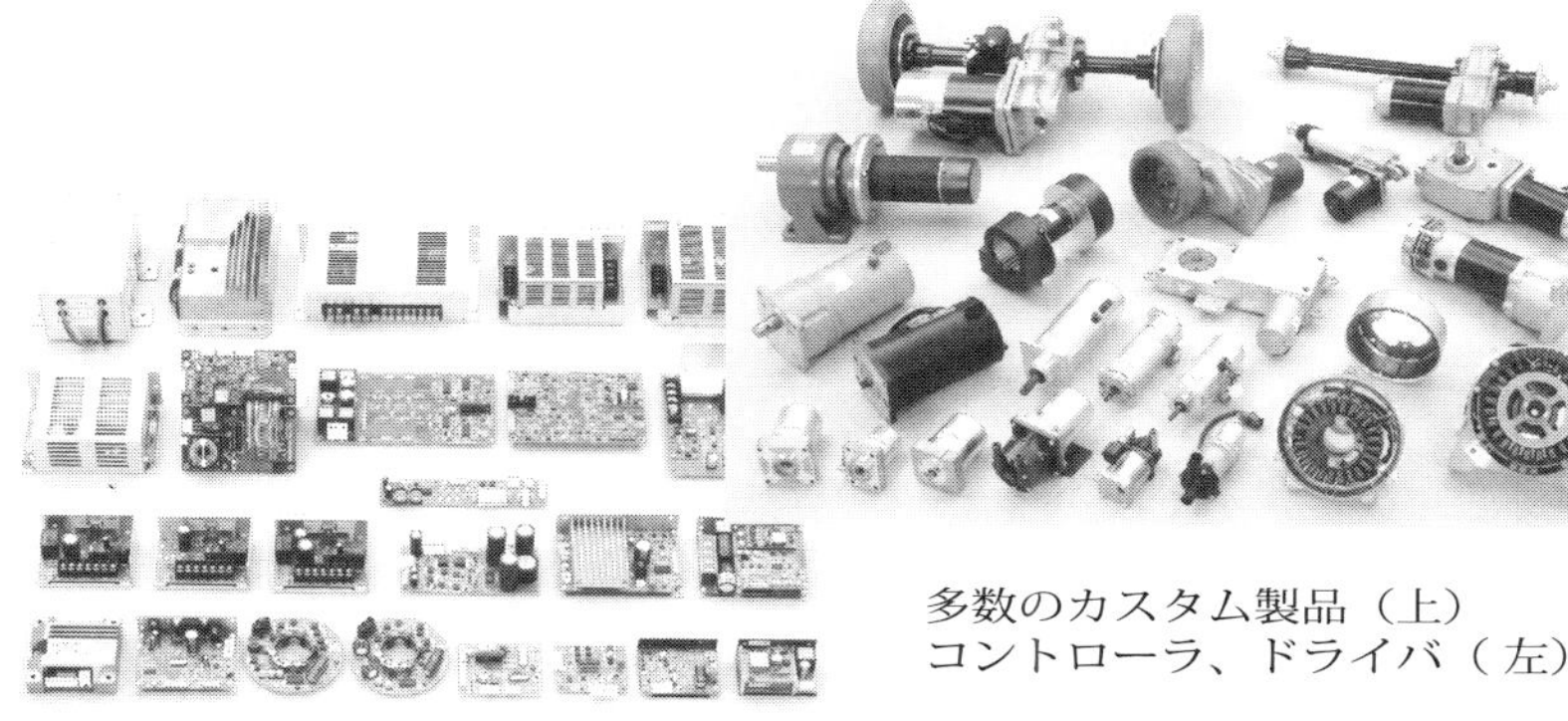

多数のカスタム製品（上）
コントローラ、ドライバ（左）

小型モーターを中心に数万点に及ぶ製品
……長い歴史と顧客とのコラボが
全方位供給体制を確立……

一般的に「なんでもできる会社は、なにもできない」と言われることが多いが特殊電装には、全くあてはまらない。１９３０年創業の歴史が自動車、船舶、事務機、医療・福祉機器、農業機械等あらゆる分野に部品を供給しており、小型モーターから制御機器まで、なんと数万点のラインアップを誇る。

ＡＴＭの紙幣の出金装置に使われ、ソーラーカーレースの上位10車の半数に利用されていたり、ヨーロッパの警察の水中スクーターに利用されたりと、その利用範囲は驚くほどだ。

優れた品質と性能は、国内外の各方面より高く評価、信頼されており、標準品への需要以上に、特異な製品を作りたい企業がイージーオーダーや本格カスタマイズ部品の相談に訪れる。

それらの要望には、充実した設備でほとんど内製化してユーザーに提供する能力を持つ。

■ **特殊電装株式会社**（代表取締役社長　津屋昌夫）
本社：〒 104-0061 東京都中央区銀座 1-28-16
群馬事業所：〒 370-0614 群馬県邑楽郡邑楽町赤堀 1508-1
電話：0276-70-9110
http://www.tokushudenso.co.jp/

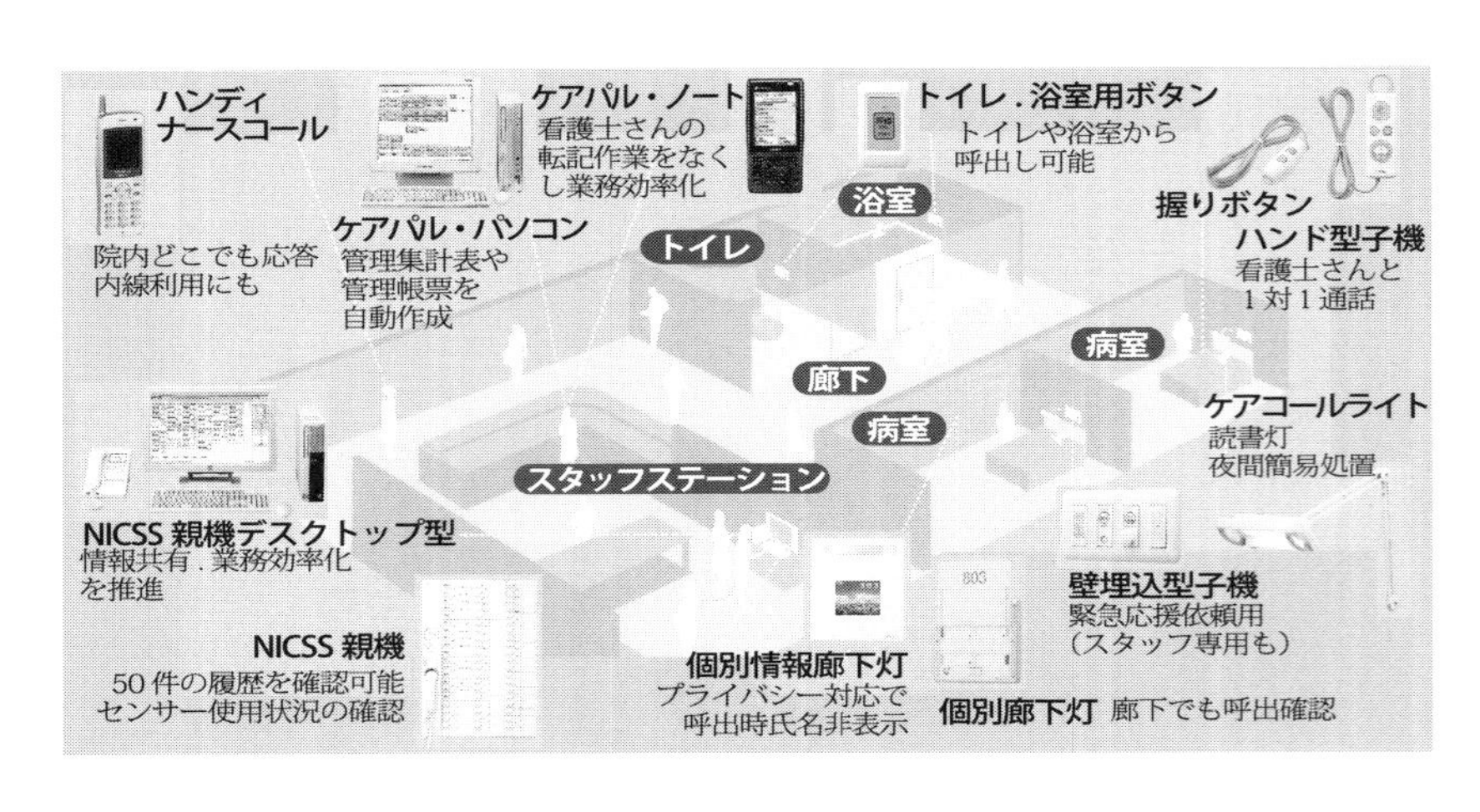

ナースコールのトップブランド
……大病院や大学病院では驚異の80％シェア……

大病院や大学病院では、病室はもちろんトイレや各所など病院内にくまなく配置されているのがナースコールで、緊急時や院内コミュニケーションに、なくてはならないナースコールの80％は、このケアコムが提供している。

ナースコールはインターフォンのレベルではなく、高度に看護支援システムと連動する。

看護師さんは院内を移動していることが多く、ナースコールからの情報は携行するPHSへも通報され、電子カルテとも連動していることから、多様な情報も含めて看護師さんは確認し、看護全体を適切にケアできる。

こうしたシステムも顧客である大病院や大学病院の看護関連から改善依頼相談も多く、顧客志向のケアコムならではだ。

介護関連にも展開しており、看護や介護のロボット化やシステム化の中核コンテンツとなってゆくだろう。

■ **株式会社ケアコム**（代表取締役社長　池川充洋）
本社：〒182-0025 東京都調布市多摩川3-35-4
群馬工場：〒370-1113 群馬県佐波郡玉村町箱石419-1
電話：0270-65-0651　FAX：0270-65-0632
http://www.carecom.jp/

アイウエアブランドからハイテク技術を発信

……ベンチャー育成でも社会貢献を……

２００１年に福岡市・天神に１号店を出店し、２０１４年９月末現在２７０店舗と急成長したメガネ業界の風雲児。

メガネは、人がもっとも長い時間使うディバイスという観点から、各種センサーを搭載した「ＪＩＮＳ ＭＥＭＥ（ジンズ・ミーム）」を発表。個人の内なる感情や習慣、好みなど、人間の生き方を左右する形のない情報を可視化。ＪＩＮＳ ＭＥＭＥを通して、今の自分の疲れ、気分、眠気他、多様な状況が見え、対応策がとれる。

この介護、車の運転ほか、多様な分野での活用が期待できるウエアラブルを超えるアイウエアの開発により、新しい価値貢献が期待される。

田中社長は、一方で、「群馬イノベーションアワード」を開催、関連したスクールを２０１３年より開催し、各界の成功者を群馬に招聘して講義をしてもらい、ベンチャー風土を群馬に根付かせる取り組みも行っている。

■ **株式会社 ジェイアイエヌ**（代表取締役社長　田中仁）
東京本社：東京都千代田区富士見 2-10-2 飯田橋グラン・ブルーム 30 階
前橋本社：群馬県前橋市川原町 2-26-4
電話：03-5275-7401（代表）
http://www.jin-co.com/

こちらに収録した群馬県の企業は、ほんの一部にすぎない。

世界的にもマネのできないレベルの高度な先端的技術をもった産業集積が、そして各企業は、収録しきれないほど群馬県には多数がある。航空宇宙から防衛に関わる企業もあれば、医療や介護の現場に利用される高精細度な機器類や部品を設計し、さらに製造する企業も多々ある。

産業用のロボットそのものを主業務とする企業も多く、従来は大企業中心だが、今後はさらに中小企業向を狙う産業用ロボット企業も多い。マニピュレータのような産業用ロボットでなく、産業用の無人製造装置を一貫して作ってしまう企業もある。

顕微鏡で見なければならないほど小さなサイズで高度な機能を持つ部品メーカーや世界最小レベルのモーターほか多様な高精細度部品を設計製造する企業も実に多様にあり、世界シェアを驚異的に得ている部品メーカーも多い。

また、ハード以上にソフトに集中し、日本を代表する多くの大企業の心臓部のソフト設計に、アルゴリズムに関わる企業も多々ある。

こうした企業群が、明確な未来のビジョンのもとにそのもつパワーを発揮すると、どれほどの産業が生まれてくるだろうか。

ロボットは産業用のように工場内であれば自己完結で徹底できるが、外に出て人と遭遇する状況になると、社会システムも関係する。これは政府や経産省なども徹底研究を重ねる必要があり、社会システムが整備できない結果、ロボット産業の萌芽を摘む危険性もあり、そうしたことは決して避けなければならない。

医療機器メーカー	医療機器、製薬会社は、低価格医療ロボットや介護ロボットへ最短位置にいる	**医療ロボット**
		介護ロボット
自動車メーカー	自動車メーカーは高精細度ノウハウを持つ部品産業の頂点に立ち、あらゆるロボットへの進出が可能	**育児ロボット**
家電メーカー	家電ノウハウは家事から生活全般へ、癒やしから見守りなど広範囲なロボットへ進出可能	**家事ロボット（料理ロボなど）**
		癒やしロボット
IT企業ソフトハウス	ＩＴ系企業は、どの分野のロボット化を狙うかで自社のアルゴリズム能力を発揮できる。経営者の意思次第	**教育ロボット**
		事務ロボット
一般企業	ハイテク企業でなくても自社内業務のロボット化を志向すれば、ロボット産業化を図れる	**建設ロボット**
		サービスロボット
農林漁業	農林漁業は第2章、第3章に示したが、経営者の意思次第、また農業機器や漁船などコンテンツ化から進出可能	**農業ロボット**
		漁業ロボット
		林業ロボット
		深海ロボット
		軍事ロボット

あらゆる企業や商店や個人にもロボット産業へ進出の可能性がある。

人の行う動作を、どうロボット化させるかだが、そのためには精緻なコンテンツを持ち、アルゴリズム化でき、各種のアクチュエータを機能させるかだ。

機器や部品、部材についてもローコストに高精細度なものが手に入る日本。

この条件をフル活用することだ。

(注)アクチュエータ (Actuator) とは、入力された情報やエネルギーを物理的な運動へ変換する機械・電気回路など。

図 5-1. どの産業もロボット産業へ進出できる

「地方衰退」「限界集落」「869市区町村消滅」をどうする

地方活性化はロボットの活用が鍵となる

「地方衰退」「限界集落」は地方の日常用語になり、自治体は打つ手がない。

過疎化も対応策がなく65歳以上の高齢者が人口の50％以上という状況になり、もはや集落として機能しない**「限界集落」**という言葉も生まれた。

地方経済は、かつて圧倒的に公共事業によって成立していた。

全国各地に道路や橋梁が建設されて交通インフラが整備される高度成長時代は地方の発展にも大きく寄与する時代はよかったが、その後のばらまき予算でハコモノ行政といわれ建てたが利用されず運営費だけかかる行政が続々増え、財政負担となっていった。

それを担う建設業は、かつて談合体質で利益が膨大に落ち、また公共事業が贈収賄の温床にもなり、政治家も票の獲得と政治資金のキックバックに公共事業の予算獲得を目指した。しかし、その間、税収が伸びるわけでもなく国の借金は拡大した。

そこで小泉内閣は、小さい政府を標榜し、債務削減を目標に公共事業を徹底的に圧縮した。名目建設投資は１９９２年が最大で83兆円から減少に転じ、小泉内閣でそれが加速、さらに民主党は「コンクリートから人へ」という耳触りのいいキャッチフレーズで２０１１年には42兆円と半減し、建設業はズタズタになったのだ。

95年の従事者は６６３万人いたが、２０１０年には４４７万人と２００万人以上減少。減っただけならまだいいが「談合体質で税金から利益を得ている悪質な業界」とメディアから徹底的にバッシングされた。悪徳業界にみえれば若い人が行くわけがない。

その間、業界は加齢化し、給与も伸びず、地方でもっとも魅力的だった産業の存在感はかすみ、さらに地方から大都市へ若者が移動することにもなったのだ。

その結果が極端には**限界集落であり「869市区町村消滅」**の衝撃的な話にもなる。

東日本大震災の際、建設業界は見事な連係プレーを見せ、驚異的な速度で道路や橋梁の復興を果たした。「災害時事業継続」という制度があり、東日本大震災で見事に機能したが、建設業が、こうした社会貢献機能を持つことを決して忘れてはならない。

少子高齢化を逆手にとって成長させるのがロボットであり地方向きだ。

地方活性化はそう簡単ではないが、比較的可能な策は観光産業は円安を背景に加速させることは可能で、外国人観光客は現に急増傾向にあり、潤う各地も増えてきつつある。

農産物の付加価値化や食品産業の創出なども可能だが、やはり地方は大都市以上に高齢化がすすみ、産業がなければ建設業の沈滞化とともに都市に出る若者が加速し、さらに高齢化する。

だからこそ農業ロボットを章立てし、都市住民の中山間地帯の定住や別荘生活での国民皆別荘の話を述べ、住宅建設に近い産業波及効果を見込み、災害対策にも供するのだ。

こうしたロボットをまず当初に手がけ、地方活性化を、創生再生を提案してみた。

2050年・1億体・世界最大のロボット大国へ

ロボット産業が、自動車産業を超える日

日本の自動車は、いまや保有台数約8000万台を数える。

高度成長が始まったといわれる1955（昭和30年）の自動車保有台数は、わずか92万台程度だった。それが1968年に1000万台を超え、1982年には4000万台となり、現在は約8000万台へと推移している。

ことに地方では自動車なしでは生活できない。夫婦と子供2人で4台保有する家庭は普通で、群馬など地方の農家では運搬用に軽トラックなども保有している。また高卒で就職する際、男女にかかわらず自動車を就職祝いにプレゼントされるか中古で入手する。地方では高齢者と年少者をのぞき「1人1台」が普通だ。

自動車産業は、図示のように2000年頃から保有数も停滞気味で、ほぼ国内では飽和した産業に近づいている。だからこそロボット産業など新しい産業の地平を開く産業の育成が必要なのだ。

自動車産業は広い裾野産業を持ち、日本経済や雇用確保に貢献する基幹産業だ。

13年の『自動車産業の現状』（日本自動車工業会）から自動車産業をみると就業人口は545万人（11年）と全従事者数の8・8％にもなり、これは北海道の人口にほぼ匹敵し、家族も含めれば東京都と埼玉県の人口（約2000万人）と同等となる。

自動車産業が日本のなかで、どれほど大きいかは類推できるだろう。

製造品出荷額は47兆円（10年）で全製造業の16％にあたり、輸出に占める割合も大きく、13兆円（12年）になり、全輸出額の20％に相当する。

さらに研究開発費は2・2兆円（11年）と全製造業のなかで20・2％を占めており、他の産業がこれにより潤っている。設備投資額は7549兆円（12年）と、全製造業のなかで、19・3％を占めているのだ。

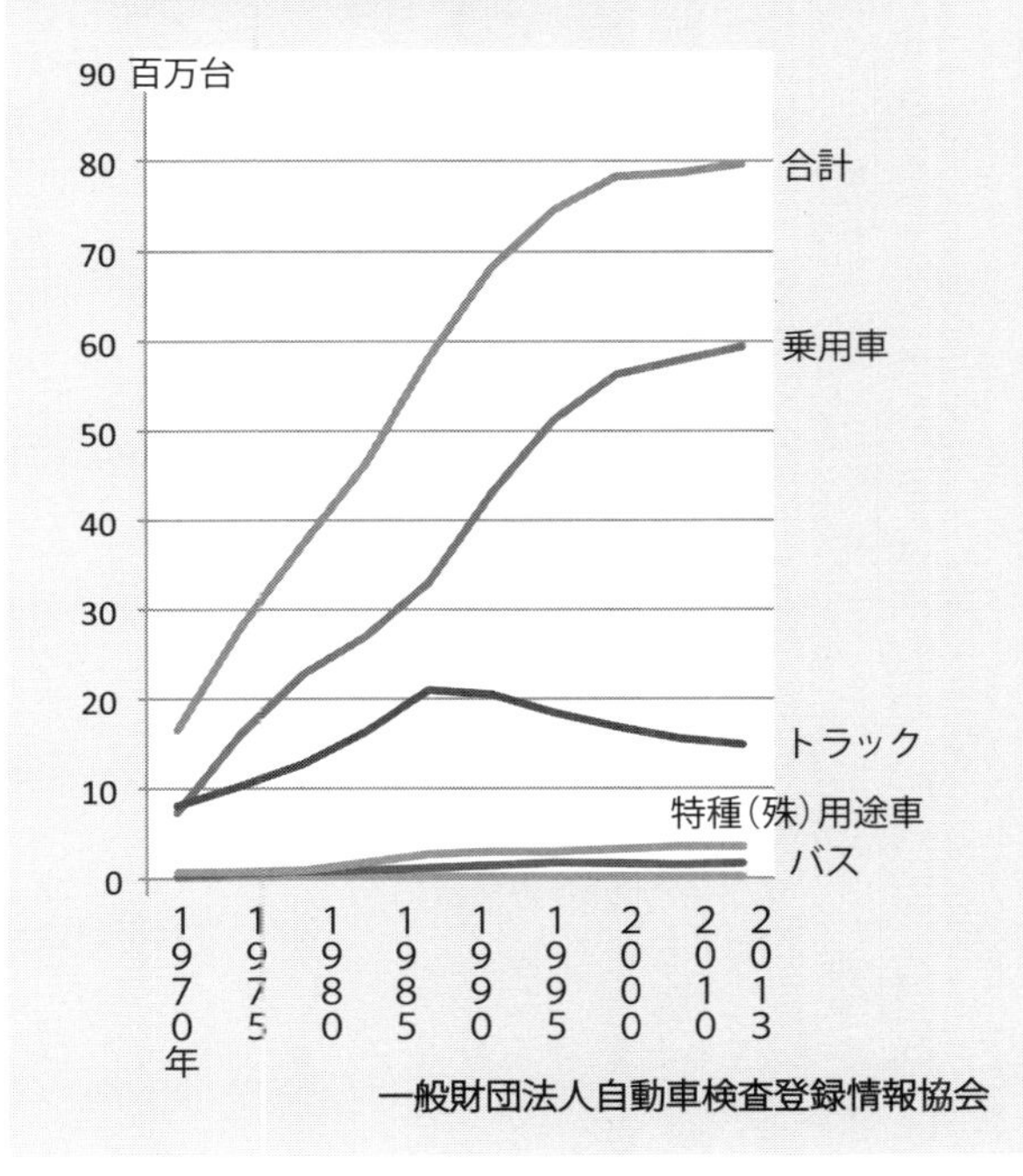

乗用車	普通車	17,509,103	22.9%
	小型四輪車	22,435,835	29.3%
	軽四輪車	20,090,359	26.2%
トラック	普通車	2,270,812	3.0%
	小型四輪車	3,614,925	4.7%
	軽四輪車	8,818,149	11.5%
バス		225,927	0.3%
特種（殊）	用途車	1,653,956	2.2%
合計		76,619,066	100.0%

図 5-2. 自動車保有と推移

自動車産業の裾野の多さは、さらに膨大だ。自動車の燃料としてのガソリンや軽油、さらにこれらを供給するガソリンスタンド業界、また自動車産業と関連して道路建設にも大きな影響を与えている。駐車場の市場も無視できず、レンタカー市場も、さらには高速道を通って気軽に観光地に行くことから国内観光地の拡大にも貢献しているのだ。

自動車産業は、実に大きな存在であることがわかろう。

しかし、この自動車産業も今後、どう変化してゆくのだろうか？

乗用車は1世帯に1台の普及となり、地方では高齢者と免許取得年齢未満を除いた1人1台という飽和状況となっている。飽和状態ということは質の向上はあるものの、爆発的な成長は望める市場ではなくなってきている。だから中国やアジアに進出したが、逆にキャッチアップされる状況となり、自動車産業もこれからさらに厳しくなる。

日本はいま、高度成長なみに牽引してくれる産業がのぞまれるが、それが見えないまま失われた20年であり、さらには30年近くにもなった。

ロボットが進化すれば、図示のように日本は要介護の人達が続々と増える人口構造となっている。そして人間がやっていれば介護コストが増大する。また、全自動で人が張り付かないロボットにしないとコストはさらに増大する。

ロボット産業が自動車産業並みの市場となるには、手軽に便利になり、身近な存在になり介護コストを大きく削減できるかにかかっているのだ。

私は、ロボット産業がシナリオを間違えなければ、２０５０年に1億体か、それ以上になるとみている。その環境が整いすぎているのだ。

少子高齢化の狭間を埋める介護ロボットや元気シルバー用のパワースーツは膨大な市場を形成する可能性は高く、映画「トランスフォーマー」ではないが、さらに自動車と合体したものも登場し、農林漁業用のロボットをあっという間に超えることになるだろう。

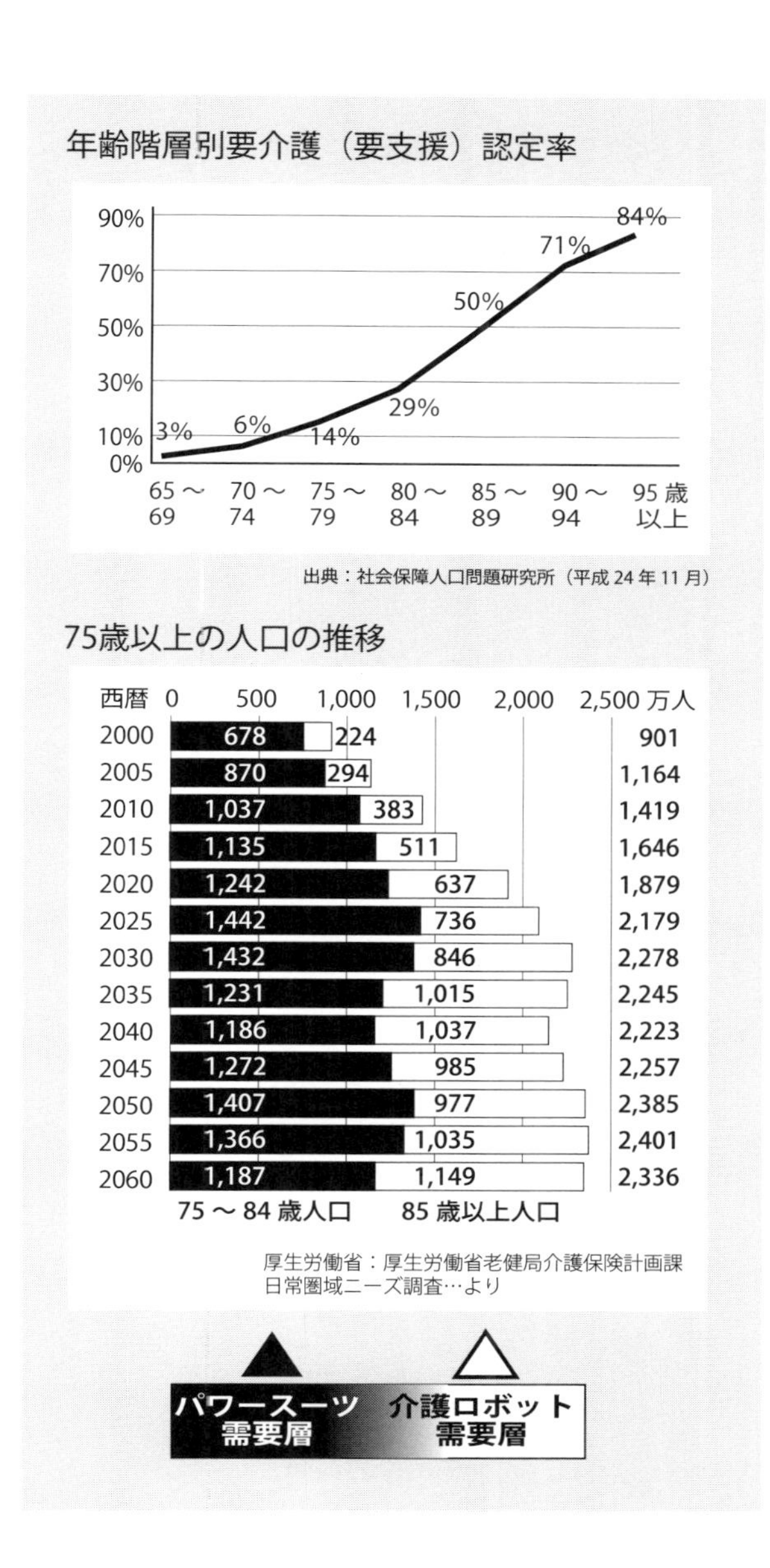

図 5-3. 高齢者と要介護の推移

100年後の世界遺産『ロボット産業発祥地』へ

100年前の富岡を、次世代につくる

2014年6月、「富岡製糸場と絹産業遺産群」は、世界遺産へ正式に登録された。文化遺産としては日本で14番目、産業の近代化をテーマとしたものでは、初めての登録となり、連日多くの人が訪れて大盛況となっている。

明治時代、産業振興の一環として絹産業に白羽の矢が立ち、官営模範工場として「富岡製糸場」は1872年、明治維新の、わずか4年後に設立され、産業の近代化のみならず、日本の産業振興の先兵となった。

日本は金銀の産出量が多いことは海外によく知られていた。元のクビライ・ハーンの時代に中国に長く滞在（17年間、アジアへの旅は計24年間といわれる）したマルコ・ポーロが帰国後に口述した「東方見聞録」で、黄金の国・ジパングと欧州に紹介し、日本は魅力的な国として知られていた。

江戸時代には、長崎から日本の陶器の包装紙として浮世絵は使われ、さらに本格的に持ち出されることも多く、とくに印象派画家フィンセント・ファン・ゴッホなどは、浮世絵に傾倒し、多くの浮世絵を収集し、模写するほどだった。

しかし、幕末の輸出品で注目されたのは、金銀でも浮世絵でもなかった。

江戸時代、当初は清国産の生糸を中心に京都西陣などの絹織物はつくられていたが、江戸中期より日

本産も高品質化し、幕末の開国直後には海外から日本の絹へ注目が集まり、生糸が輸出産業としての地位を築きつつあった。

図 5-4. 富岡製糸場他が世界遺産へ

黒船来航で国内が騒然となった1853年（嘉永6年）、そして翌年開国して8年後、明治維新の6年前の1862年（文久2年）には、日本の全輸出額の86％を生糸が占めるという状況にすらなったのだ。欧州の需要が急増した結果、国内で増産するものの結果的に品質が揃わない問題などもあり、幕末より生糸生産の品質の安定性など近代化が模索されていた。

明治になって伊藤博文、渋沢栄一などの尽力もあり、1870年（明治3年）に生糸産地の富岡に建設が決定する。そのわずか2年後（明治5年）という驚くほどの短期間で富岡製糸場は完成し、操業は同年、10月4日で今から143年前のことだ。

富岡製糸場は、建物もフランスの技師により設計され、製造機器もフランスで製造して海路、輸入して設置されたのだ。

こうして日本の代表的な輸出製品として生糸は欧州ことにフランスへ、さらに米国へと輸出され、日本の一大産業として明治、大正は外貨を稼いで日本を支えた。

当初はフランスの技術やお雇い外国人ブリュナなどの指導で操業した富岡製糸場も、1875年には、日本人だけでの経営となり、日本人による創意工夫の工場となり、明治大正の生糸産業を、ひいては多くの産業の先導役を果たした。

■ロボット産業の発祥の地へ

群馬は富岡製糸場という、近代工業の発祥の地を持ち、世界遺産にも登録された。

その操業開始は143年前のことである。

また、それ以前に生糸を核として近代産業を開花させ、日本の殖産興業を大きく飛躍させるためへの強い意志と実践の象徴でもあった。

その先人のたゆまざる強い意志と実践によって群馬には富岡製糸場が世界遺産として登録されたと言えるのではないか。

そして現在に立ち返ってみよう。

いま群馬県は、そして日本は次世代の産業を開花させる意志と実践へのあくなき意欲はあるのか。

日本は、多くの分野で世界のトップレベルの技術を集積させている。

つまり当時のように海外に、外部にモデルはないのだ。

フランスから欧米から持ち込めるモデルはないと考えたとき、われわれが新たな地平を、フロンティアを目指さなくてはならない。

ロボット産業が、新たな時代を拓く可能性は高いが、どんなシナリオを描くかによって未来が開けるか、また縮小破綻するか、われわれは分水嶺にいるのかもしれない。

100年後、150年後、新たな世界遺産『ロボット産業・発祥の地』が、群馬県に、あるいは日本のいずれかの地に登録されることを夢見て、新たな産業の地平を開かねばならない。

あとがき
――日本再生にむけて――

日本はながらく欧米の産業を、製品やサービスを範としてキャッチアップを得意としてきた。古くは1853年の黒船来航の衝撃から開国へ、明治維新へ、さらに富国強兵へと進み50年後には日清戦争、60年後には日露戦争を勝ち抜き、有色人種として欧米に肩を並べるに至ったが、まさに日本の生存を賭した徹底したキャッチアップだった。

大東亜戦争では米国の強大な産業力に完膚なまでに敗北。すべてのインフラを爆撃された焼け野原から立ち上がり、経済での競争に照準をあわせ、戦後からわずか23年という短期間でGDPでは米国に次ぐ世界2位となる（1968年）が、これも徹底したキャッチアップだった。欧米に市場がある製品やサービスを低価格で製造して欧米に輸出しては外貨を稼ぎ、さらに日本に移転して内需を拡大した。

産業に、製品に、まずは日本にあわせてコンパクトにし、さらに細やかな工夫を重層的に積み重ねて高精細度にしては、世界の産業大国への地位を築いてきた。

あまりの細やかな工夫の積み重ねが、90年代後半になるとガラパゴスと揶揄されたりもしたが、こうした工夫は少し見直せば次世代にさらなる優位性をつくる下地ができていると考えればよく、そう心配することはない。

ただし大きな課題が、壁がある。

現在の日本の産業的な課題は、次のリーディング産業が見えていないことだ。

金融や情報産業などでは米国に大きく水をあけられていることは事実で、観光産業などは潜在力が膨大にあるものの課題が多すぎる。また、

――日本の中小企業のモノづくり能力は高く「モノづくり大国」としてのパワーは十分にある――。

という人も多いが、実はここにも課題がひそんでいるのだ。

モノづくりそのものも欧米がコンセプトをつくり産業化しそれをキャッチアップしてきた経緯を考えると決して日本が突出しているわけでもない。

日本の特色を断言すれば「高精細度能力」にある。モノづくりだけではなくサービス業における「おもてなし」も高精細度に似て**別の表現をすれば「職人技」**だ。

モノづくりについて逆に言えば「創造性」に、やや遅れをとっている感が否めない。

つまり我々日本人は「新たなコンセプトの商品を創り出す」ことには、多少弱いのかもしれない。いや、もう少し正確に言うならば「創造性」の高い技術者や企画者がいたとしても、その技術や商品を経営者や上司が判断を迷い、市場に出すことをためらう局面があるケースも多いのではないか。

日本は、モノづくり大国なのか？

いずれにしても現在の日本のおかれた局面は、欧米に対して「モノづくり」ではキャッチアップして、かなりの部分に追いつき、追い越したことは事実だ。

70年代後半から80年代前半に、日本の製品が世界中に集中豪雨のように押し寄せた結果、当時のG5(日・米・英・独・仏)が集まって1985年の「プラザ合意」となった。つまり日本は急激な円高と日本国内の内需拡大を約束させられる。

こうして日本企業は台湾、韓国、さらには中国へと工場を移転することとなる。

この結果「空洞化」と日本の金余りが「バブル」となり、やがて「バブル崩壊」の憂き目にあってダブルパンチを被り、その後、海外移転した日本の工場以上に発展途上国資本の企業が力をつけ、日本のライバルとなり、日本の市場は低価格な分野から次々と失われ、20年以上の日本の低迷が続く。

68年にドイツを抜いて世界第2位のGDPは、2008年のリーマンショックでの厳しい経済環境で落ち込み、09年に中国に抜かれることにもなった。

民主党政権下で11年3・11に、日本には1000年以上経験のなかった大型地震と津波の「東日本大震災」が鉄槌のように襲いかかり、しかも福島原発が津波によりチェルノブイリ以上の被害となり、日本のみならず世界を震撼とさせたのだ。

民主党政権は驚くほど無策すぎ、この間、日本は円高にさらされ、震災とあいまって日本は沈没寸前だったが2012年暮れの総選挙で自民党が地滑り的な大勝をする。

アベノミクスでの経済再建をかかげた安倍首相の登場に前後して株式市場は一気に活気を帯び、円安を背景に輸出型企業が息を吹き返し活性化した。

しかし、国際収支は厳しく、なんと14年11月まで29ヵ月連続貿易収支は赤字なのだ。サービス収支も赤字が続き日本の競争力は低下していることは否めない。自動車や工作機械では外貨を稼いでいるが、家電はケータイなどスマホを中心に輸入が多く、実態は入超でかつての家電王国ではなくなっているのだ。

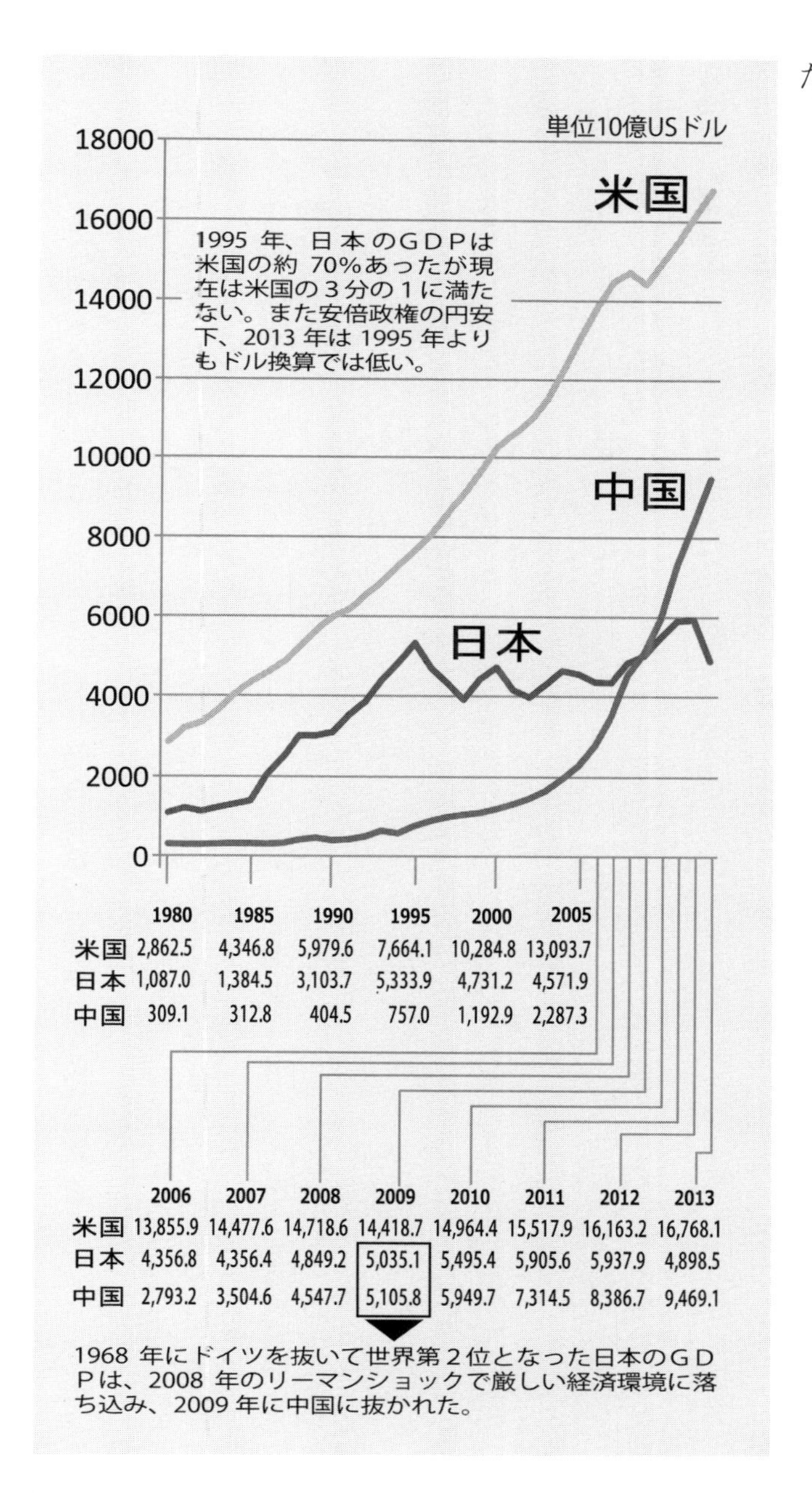

	1980	1985	1990	1995	2000	2005
米国	2,862.5	4,346.8	5,979.6	7,664.1	10,284.8	13,093.7
日本	1,087.0	1,384.5	3,103.7	5,333.9	4,731.2	4,571.9
中国	309.1	312.8	404.5	757.0	1,192.9	2,287.3

	2006	2007	2008	2009	2010	2011	2012	2013
米国	13,855.9	14,477.6	14,718.6	14,418.7	14,964.4	15,517.9	16,163.2	16,768.1
日本	4,356.8	4,356.4	4,849.2	5,035.1	5,495.4	5,905.6	5,937.9	4,898.5
中国	2,793.2	3,504.6	4,547.7	5,105.8	5,949.7	7,314.5	8,386.7	9,469.1

図あとがき -1. 日米中ＧＤＰ

新たな産業の地平は開けるか（デトロイト化の危険性からどう脱出する？）

政府はさておき、日本の産業界が、経営者がいまやるべきことは、現在豊富にある日本の強みを集中的に将来発展すべき新しいコンセプトの産業に集中すべきだろう。

自動車は非常に裾野の大きい分野で日本最大の稼ぎ頭だが、かつて米国の自動車産業を日本はキャッチアップし、米国の自動車産業の象徴的な都市・デトロイトを廃墟のようにした日本の自動車産業があり、今日がある。

現在、韓国、中国にキャッチアップされているが歴史は繰り返す可能性もある。

モノづくりでは韓国、中国では日本に追随できないという人も多い。しかし、日本でも日銀の一万田総裁にトヨタは「米国に自動車は追いつけない。自動車は輸入して、鍋、釜でもつくったらどうか」とまで言われていた時代がある。

電気自動車は部品点数が大幅に少なくシンプルに製造できる。すると韓国、中国や東南アジア製の自動車に、低価格で一気に席巻されて日本の自動車産業が縮小を余儀なくされ、まさかのトヨタの牙城のエリアがデトロイト化する可能性もゼロではない。

現在の家電業界は、すでにデトロイト化の様相を見せ始めている。

モノづくりという点では、欧米でコンセプトが創られた産業や商品、そして欧米で市場が拡大したものを日本は「高精細度」能力の職人技でキャッチアップした。

いまや日本がキャッチアップされ、同じ土壌で戦えば多くの産業のデトロイト化が起こると考えるべ

きだろう。

家電業界は、多様な家事ロボット他、見守りロボットなどじつに多くの可能性を秘めており、多くの企業内では現実的にそうした研究開発も進んでいる。

産業用ロボットも多様に開発され、リスクの多い海外生産より、高付加価値で新たな産業を、製品を日本で製造する時代が近づいている。つまり低価格賃金労働者を海外に求めるより、ロボット化のほうがはるかにリスクなく国内製造できる時代に入ってきた。

次なる産業の地平を目指せ

何度も言ったように日本は新コンセプトの産業を生み出した経験に乏しい。

キャッチアップと「高精細度」ノウハウによって今日を築いたが、もちろん既存産業の高精細度化で国際競争力を高めることは必要だ。

しかし、なお既存産業の高精細度化のみにしがみつくとデトロイト化の憂き目を見る。

次の産業の地平に挑戦すべき時代となっているといっていい。

ロボットは、その大きな一歩なのだ。

ロボットの可能性や他の産業創出の可能性が見えれば、日本の膨大な金融資産が大きく投資に移行するなど、産業活性化への、アベノミクスの第3の矢「成長戦略」が動き出すことになる。

他の産業創出のヒントについては、ワンシート企画書に簡潔に表現しておきたい。

このワンシート企画書は、2005年ごろに記したものを、拙著「世界地図思考」［2011年10月・フォレスト出版）に収録した。それを、あえてほぼ同じ内容で転載している。当時は、民主党政権下で９月に首相が菅直人から野田佳彦へと変わった直後。

2011.1008　株式会社企画塾
代表取締役　高橋憲行

人口減少下での安定成長へ　人口減少下での安定成長へ

人口減少下は景気減退させる……というのは幻想である。かつて自動車市場は存在しなかった。その自動車産業があることで、どれほどの経済が、人口と無関係にあるか、明確化したデータはない。しかし自動車生産の減衰は、間違いなく、経済の減衰につながる。

まずはロボット産業を育成し、ロボットを人と見立てれば、人口増と同様の経済価値を生む。しかも実質的に低賃金労働者の導入であり、国際競争力にも寄与する。

日本復興・新生実践会議　実践を見据えた構想会議を！

ほとんど具体策に乏しい、総花的な構想と、ひたすら復興税のみを急ぐ「復興構想会議」は復興や新生には、ほぼ機能不全。ダイナミックな変化を日本にもたらす構想が必要。

むしろ実践に、現場に効力を明確化した会議の創設が望まれる。

ロボット構想の具体化　ロボット産業の本格化が日本新生の引き金に！

農業従事者平均年齢が67歳という異常事態。農業の10年後は壊滅する。ロボットは２足歩行ではなく畝をまたぐ方式で種蒔きから施肥、除草、防虫、収穫までを行う全自動型を目指し開発推進。中途な大型農業を推進するのではなく、現状の狭い田畑での生産性を大きく上昇させるためにロボットを導入。目標は100万円以下のロボットで５年償却、太陽光などでの充電で、年間30万円以下のロボット経費を目標とする。農業自由化にも十分対抗可能となり、研修生の導入も不要に。

エネルギー構想の具体化　メガフロート、メガソーラー、メガウェーブのTRIメガ

メガソーラーが脚光を浴びるが日照時間の少ない日本は不利。土地利用面も難題が多々。造船の再活性化を目指し、メガフロート上にメガソーラーを設置、下部には波力発電（メガウェーブ）を設置。晴れで太陽光、荒天で波力をエネルギーに変える。
造船所で製造する生産性の高さもコスト削減となる。さらに、沖縄をはじめ南西諸島、伊豆小笠原諸島の離島の数百箇所に設置、離島活性化に大きく寄与。電力は送電せず、電池で内地へ移送し、自動車や家庭用電源とし、電池の高性能化とともに工業用へも。

交通ネットワーク構想の具体化　交通体系を、空路に変え、地方の活性化を！

東北６県、９空港間に定期便はなく地方間交流が貧弱。地方空港は超赤字。急峻で南北に長い日本の高速道路は膨大なコストがかかる。地方空港間を主に結ぶセスナなど軽飛行機の全国ネットワークを結び、国産軽飛行機を一大産業へと育成する。将来的には飛行自動車の時代へ。
さらに携帯基地局を軽飛行機誘導管制基地として活用。飽和した携帯市場から次の新事業へ。
離島のメガフロートは滑走路となり、観光の活性化へ。

日本の針路、日本産業の進路　モノづくりの「超」高精細度で21世紀の本格化へ！

モノづくり大国化をめざせ……国家、産業の運営、情報産業も、モノ、プラットフォームなくして成立しない。「超」高精細度部品、商品を創り、世界に貢献する。（エコ産業はその延長線上の産業）
コンテンツ大国化をめざせ……コンテンツは国の文化の象徴、クールジャパンの推進を。
地方主権と自立の時代を………人が自立するように地方の自立は国家繁栄の基礎。道州制の導入と同時に、東京都の往復ではなく地域間移動のインフラ整備を（交通ネットワーク構想と関連）
「金融財政論」が跋扈して国滅ぶ……金融財政は国の必要条件で十分条件ではない。産業革新、技術革新が経済を発展（シュンペーター理論）

★紙面の関係で多くを語れないが、要点のみ示唆した。

・コート原宿410　URL<http://www.kjnet.co.jp/>TEL03-6447-0880　FAX03-6447-0881　kenko-t@kjnet.co.jp

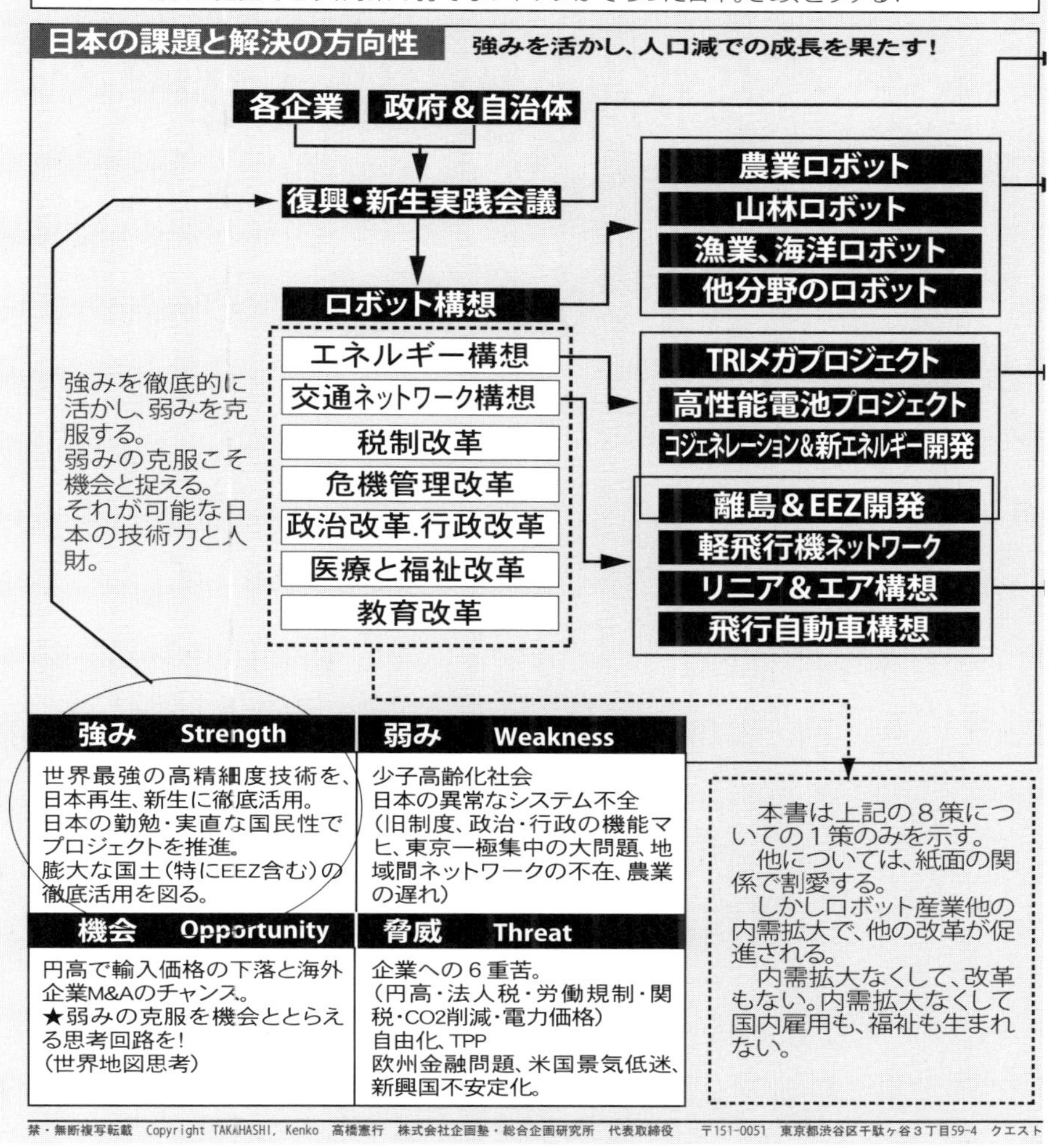

図あとがき -2. 新生日本のビジョンと戦略

さて、本書は、とくに群馬に焦点を合わせて描いた。

しかし、おわかりのようにロボットは日本全国で多くの産業に共通して活用できる性格を帯びていることは、ご理解頂けているだろう。しかも農林漁業などへの用途を示したのは、地方活性化に直結することを視野にいれたからだ。

ロボット市場は、現在はほぼ産業用に限られている。

しかし、多くの可能性を秘めていることが、理解頂けただろう。


ここにシナリオ仕立てや小説表現で示し、さらには下手な4コマ漫画まで駆使して表現したのは、なんとか1人でも多くの人に理解してもらい、前進させたいと言う筆者の一念からだ。

タイトルを『ロボット産業が自動車産業を超える日』としたのは、なにも誇張したり奇をてらってのことではない。そうなるのに、さして時間はかかるものではない。

問題は、どういったシナリオで、どこまで具体化させるか……という点につきるのだ。

「少子高齢化」を悲観論で語るのではなく、むしろ大きな可能性があることを確信し、凍りついたような金融資産を有意義に活用して頂ければ日本はさらに大きく飛躍することを感じて頂けることが筆者の切なる願いだ。


そして少子高齢化であっても大きく飛躍する日本を創るのだ。

商店の活性化へそして日本復活へ！

第４章に述べたように、パワースーツもいいが、順次各支援作業をロボット化し、全自動を目指す。その結果、介護者は多数体の自動ロボットを管理し、結果、介護者と介護コスト減で介護レベルがあがる。

第２章に小説仕立てで述べたが、最速で４、５年はかかるだろう。農業者のロボット開発は困難であり、直販ルートなどを優先し、まずは経営の健全化を図ろう。林業は、同様に述べたように、ことに首都圏の震災対策住宅としての国民皆別荘は、いますぐにでも着手可能だ。

漁業者が激減傾向で、漁業生産物の生態系も変化しているほどだ。漁業ロボットは、結果的に EEZ 内管理や資源開発や、国防と密接に関わってくることもあり、国家的にすすめるべき課題だ。

商店、ことに地方の商店街はシャッター街として象徴的に語られるが仮説検証されたマーケティングを、まるで実施していない結果だ。徹底すれば、ロードサイド大規模店にも勝てるが、まずはマーケティングの徹底と同時に、多様なサービスロボット時代に備えることだ。

自治体の支援部署や、関連する外郭団体は、時代の変化への対応が必要。地方自治体は、東京への一極集中に対して国の体制や政策が問題転嫁しすぎる。自治体や関連組織の工夫次第で、地元への支援は可能。ロボット時代は、産業革命以上の変革をもたらすことを視野に入れて活動すべき。チャンスは多様にある。

地方の下請メーカーの大半は、大企業の海外進出で廃業破綻したが、生き残った下請メーカーは、今後多様に必要なロボットの要素技術進出もある。さらに大量生産でのコストダウンがメーカーの命だった時代は終わり、３Ｄプリンタで量産以外の高付加価値メーカーへの道が可能で、工夫次第で高生産性企業になれる。

飲食店にもロボット化の波は押し寄せる。調理ロボットやサービスロボットなども時間の問題だ。低価格競合ばかりしないで、付加価値を高めるマーケティング展開を図り、ロボット化の動向をよく観察しておくべきだ。

大企業は、国内でロボットでの生産が新興国での生産以上に高効率という認識が増えて国内回帰が進む。また古い商品の低価格化やモデルチェンジで新興国と競合するより、次世代のロボット産業を目指せ。

高齢者は預金ばかりで株式やグリーン市場への投資はしない傾向が高く、これが景気回復へのブレーキになる。金融機関も数字だけの計画で投融資をすれば、ベンチャーの登場が減る。次世代産業へのシナリオの理解が重要。

各業界、そのシナリオは……中小企業、

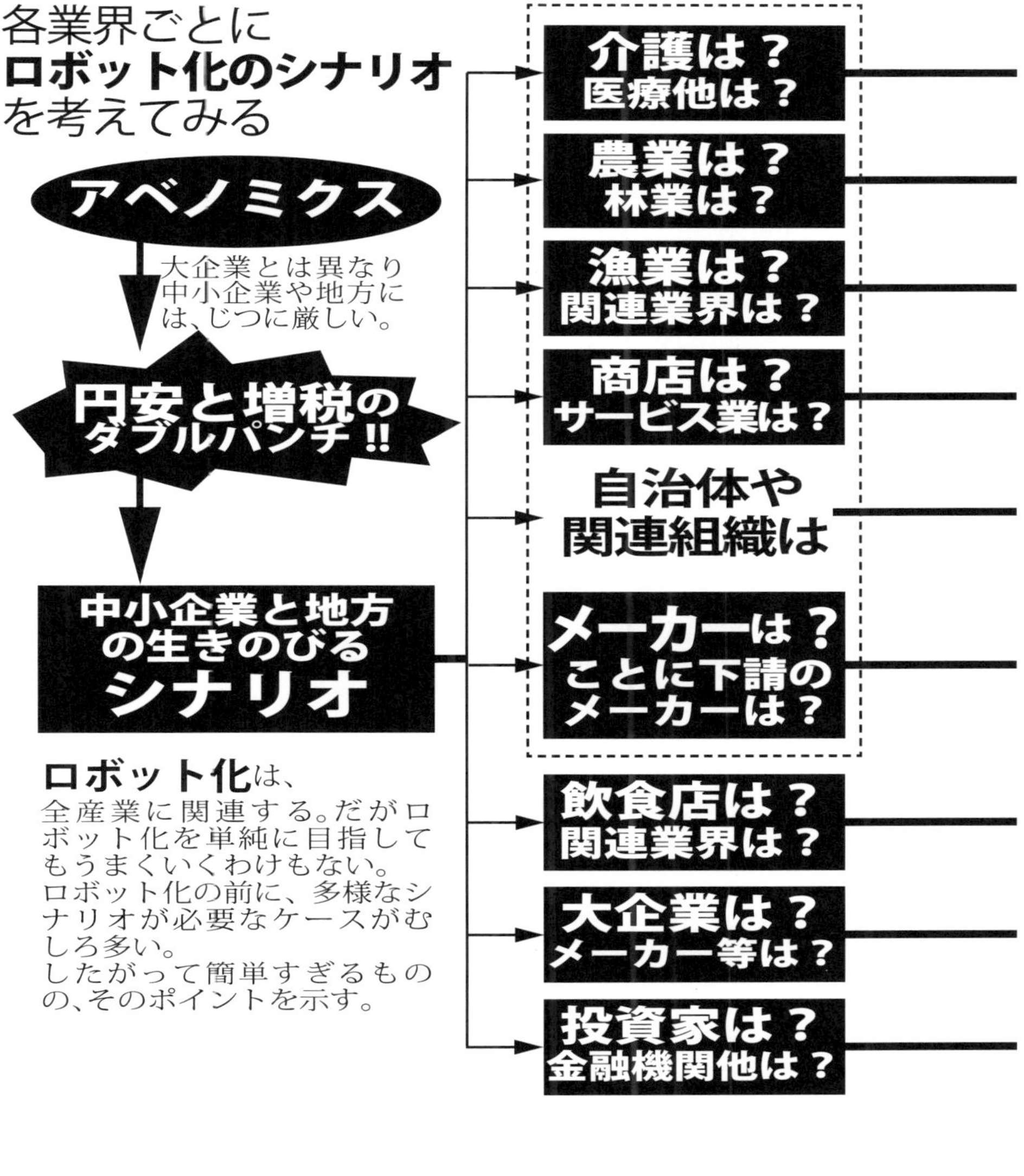

各業界ごとに
ロボット化のシナリオ
を考えてみる

アベノミクス

大企業とは異なり
中小企業や地方に
は、じつに厳しい。

円安と増税のダブルパンチ!!

中小企業と地方の生きのびるシナリオ

ロボット化は、
全産業に関連する。だがロボット化を単純に目指してもうまくいくわけもない。
ロボット化の前に、多様なシナリオが必要なケースがむしろ多い。
したがって簡単すぎるものの、そのポイントを示す。

介護は？ 医療他は？

農業は？ 林業は？

漁業は？ 関連業界は？

商店は？ サービス業は？

自治体や関連組織は

メーカーは？ ことに下請のメーカーは？

飲食店は？ 関連業界は？

大企業は？ メーカー等は？

投資家は？ 金融機関他は？

講演等への対応

著者の高橋憲行は、中小企業や商店を支援する先進的な会計事務所を中心とするマーケティング支援組織

「日本マーケティング・マネジメント研究機構」

通称 **JMMO（ジェイモー）**を組織化し、日本全国各地の中小企業・商店の支援を行っています。さらに本格的には

増販情報センター（JMIC）も設け、膨大な成功事例を伴う本格的な支援センターも一部の会計事務所内に設けています。

アベノミクスの功罪と中小企業、地方経済

現在、大企業はアベノミクス効果で、史上空前の利益を得ているが、アベノミクスには功罪があり、大企業のメリットは、そのまま中小企業や地方のメリットにはなっていない現実があり、むしろ逆にデメリットが大きい。

可能な限り全国各地へ講演など啓蒙活動を

本書は、日本復活への企画書という位置づけです。従来はコンサル業務や会員などへクローズドな対応しかしてこなかった高橋憲行が、今回の出版に関連し、全国へ啓蒙活動を準備中です。

本来、マーケティング主体の活動を実施しており、厳しい環境下におかれている中小企業や商店、そして地方向けに以下の２つをセットアップした講演活動を実施することになりました。

短期的には増販増客・売上増
中長期的にはロボットでの活性化

をテーマに、各地に出かけることになりました。

いますぐ数字（売上増）をつくる必要のある中小企業向けに仮説検証されたマーケティング方法論のご提供を、さらに中長期にはロボットがどう進化するか、また企業や商店で、どう活用すべきかを本書以上に、さらに具体的にお話しする予定です。

主に各地の商工会、商工会議所や自治体関連機関など向けに、先行して対応していますが、回数に限りがあり、ご興味の方は、お問い合わせください。（254ページへ）

講演対応……中小企業、商店の活性化

大企業などへの
アベノミクスの効果

第１の矢
異次元の金融緩和

円安効果が大きく、輸出企業を中心に上場企業では史上空前の利益を享受している。

株式市場への影響も絶大な効果を生んだ。

第２の矢
積極的財政政策

建設業や不動産業など、大都市圏では好調に転じたが、2014 年春の消費増税以降は一服感。

高額物件から動く気配。

第３の矢
成長戦略

大企業は法改正や規制緩和などでビジネスチャンスは増えるが、大企業による市場創造は、そう大きい期待はできないだろう。

中小企業、商店などへの
アベノミクスのデメリット

中小企業や商店、加えて**地方経済には、デメリット**は大きいが、**乗り超える策**がある。

中小企業と地方

円安と増税のダブルパンチ!!

円安デメリット

安倍内閣になって円安に転じ、徐々に上昇していったのが燃料。

ことに地方では、生活の足としてのガソリンをはじめ燃費上昇。

イカ釣り舟などは漁場までの燃費と集魚灯の重油が上昇するなど厳しい。

円安に反比例して上昇し、加えて全業界で原材料が順次、上昇している。

消費増税

2014 年春から３％の増税で消費税８％となったが、景気は一気に冷え込み、回復の兆しは見えない。

２％のインフレターゲットも怪しい。

消費税 10%への危機感から 14 年暮れの総選挙となったが、18 ヵ月の増税延期としても、その間に景気回復できるか微妙な状況。

地方は上記のダブルパンチで厳しい。

首都圏はじめ三大都市圏の好況が継続すれば、２、３年後に地方も上昇に転じる可能性はあるが、そう簡単ではない。

企画塾・高橋憲行 著作のご紹介

現場での徹底した実践に裏付けられた著作です。

手にとっていただければ、すぐにおわかりいただけるでしょう。
著作ならびに監修著作の一覧。

※一覧の書には、絶版の古い著作も含まれていますのでご了承下さい。

No.	書名	出版
1	『カタストロフィーマーケティング』	(ビジネス社 1980年04月)
2	『先見力101の法則』	(日本実業出版社 1980年12月) ●
3	『情報のつかみ方・捨て方・活かし方』	(日本実業出版社 1981年07月)
4	『段取りと手順のつけ方』	(日本実業出版社 1982年10月)
5	『新商品発想法とケーススタディ』	(JBR 1983年04月)
6	『新商品・新ビジネスの見つけ方』	(ダイヤモンド社 1983年12月)
7	『戦略発想時代の企画力』	(実務教育出版 1984年04月) ●
8	『時代の構造が見える企画書』	(実務教育出版 1984年10月) ●
9	『情報を読みとる力がつく本』	(日本実業出版社 1985年03月)
10	『時代のキーワード事典』	(アーバンブックス 1985年04月)
11～14	『企画会社.4巻』	(RDS1986年01月)
15	『善循環ネットワーキングシステム』	(実務教育出版 1986年03月)
16	『本格版作成法企画書』	(RDS1986年04月)
17	『企画業務・利益の生み方』	(RDS1986年11月)
18	『高橋憲行・企画の現場』	(実務教育出版 1987年09月)
19	『企画とプランニングの方法』	(日本実業出版社 1988年04月)
20	『企画とプランニングの手帖』	(日本実業出版社 1988年04月)
21	『人生は企画だ』	(日本実業出版社 1988年11月) ●
22	『ビジネス能力開発講座「先見力」』	(共著 プレジデント 1988年)
23	『エクセレントマネージャーハンドブック「企画力」』	(ダイヤモンド社 1990年)
24	『ビデオで仕事を面白くする方法』	(実務教育出版 1990年02月)
25	『企画書は一枚で!』	(日本実業出版社 1991年04月)
26	『企画書として読む日本国憲法』	(講談社 1991年09月)
27	『完全版 高橋憲行の企画書』	(講談社 1991年12月)
28～29	『企画会社・上下巻』	(二期出版 1991年12月)
30	『企画大事典』	(ベストセラーズ 1992年04月) ●
31	『アマゾンを燃やせ』	(二期出版 1992年04月)
32	『極楽企画術』	(実務教育出版 1992年07月)
33	『営業生産性で活路を開く』	(オーエス出版 1993年05月)
34	『企画の基本がわかる本』	(大和出版 1993年06月)
35	『図解でみせる法』	(オーエス出版 1993年07月)
36	『アイデアをゾクゾク出す法』	(オーエス出版 1993年08月)
37	『プレゼンテーションの基本がわかる本』	(大和出版 1993年10月)
38	『電車でおぼえる通勤タイム企画術』	(大栄出版 1993年11月)
39	『新版 企画手法 実践マニュアル』	(共著 財団法人企業研究会 1993年12月)
40	『企画書100事例集・No.1』	(オーエス出版 1994年04月) ●
41	『販促革命』	(オーエス出版 1994年06月)
42	『企画をラクラク立てる法』	(オーエス出版 1994年07月) ●
43	『マルチメディア市場参入法』	(企画塾 1994年12月)
44	『もっと企画書100事例集・No.2』	(オーエス出版 95年04月)
45	『企画会社200ガイド』	(オーエス出版 1995年07月)
46	『企画創造力大事典』	(ベストセラーズ 1995年04月)
47	『企画書の作り方が手にとるようにわかる本』	(TIS1995年07月)
48	『5分間ヘルシークッキング』	(実業之日本 1995年12月)
49	『平成版・人生を企画する』	(ほうしょう出版 1996年04月)
50	『さらに企画書100事例集・No.3』	(オーエス出版 1996年06月)
51	『超・生産性経営へのシナリオ』	(実務教育出版 1996年08月)
52	『農業経営者のためのマーケティング入門』	(共著 全国農業会議所 1997年2月)
53	『日本崩壊』	(高橋のペンネーム TIS1997年03月) ●
54	『著者になる講座』	(すばる舎 1997年04月)
55	『まだまだ企画書100事例集・No.4』	(オーエス出版 1997年04月)
56	『あるある企画書100事例集・No.5』	(オーエス出版 1998年05月)
57	『企画書提案書大事典』	(ダイヤモンド社 1999年01月)
58	『まだまだ企画書100事例集・No.4』	(ダイヤモンド社 1999年01月)
59	『増売拡販大事典』	(ダイヤモンド社 1999年06月)
60	『増販増客実例集』	(企画塾 2001年05月)

左ページに続く

●海外で翻訳された著作

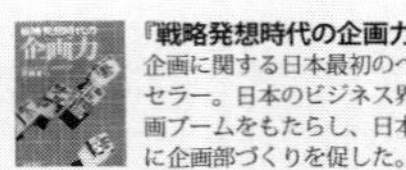

『戦略発想時代の企画力』
企画に関する日本最初のベストセラー。日本のビジネス界に企画ブームをもたらし、日本企業に企画部づくりを促した。

『時代の構造が見える企画書』
経営書としても高評価。企画の分野で最大のベストセラー。1985年には実務書で年間第1位。ビジネス書全体でも第8位に。

日本最初の企画書を詳説した書

実用書では空前のベストセラー。85年社会経済書も含めたビジネス書で第8位。本書が日本ビジネス界における、企画、企画書の重要性に火をつける結果となりました。

『企画書は1枚で!』
企画書を構造的に捉え、1枚にまとめる方式を詳説。情報過多時代の迅速な意思決定の手段に最適と経営者に大好評。

『企画大事典』
企画関連技法の紹介から企画書、図版、チャートを200種以上収録。企画のマニュアルとして、各企業で採用。

『企画創造力大事典』
アイデアを続々生み出す技法バイブルの決定版。あらゆるビジネスに活用可能。企画関連・創造力開発技法の集大成。

『超・生産性経営へのシナリオ』
出版と同時に八重洲ブックセンターでビジネス書第1位にランク。全業種が利益を生み出せる具体的なシナリオを満載。

『日本崩壊』
三洋証券、拓銀、山一証券の崩壊する半年前に日本の金融崩壊を暗示した小説。台湾では、予測的中と多誌に論評。

『企画書提案書大事典』
脱不況を視野にマーケティング、企画の方法論と企画書を満載。同時に次世代型企画に関する書。

『増売拡販大事典』
成功事例のマーケティング企画ノウハウ事例を満載。顧客管理を中核に据え、各ツールの利用法を具体的に詳説。

ただし、以下を含みません。収録本(一部の原稿執筆)テープ出版(音声による出版)VTR出版(映像により出版)
教育用のテキスト(企画塾テキストなど)また、各企業向け教育研修用テキスト、報告書(自治体などの調査報告書など)

企画塾・高橋憲行 著作のご紹介

企画塾の企画・企画書の体系は、単なる提案レベルではありません。
実践を伴うマーケティング、企画分野で、企画書の体系と企画教育で、もっとも歴史があり、もっとも多くの出力があります。

ホームページでもご覧いただけます。
http://home.kjnet.co.jp/home/_contents/books.php

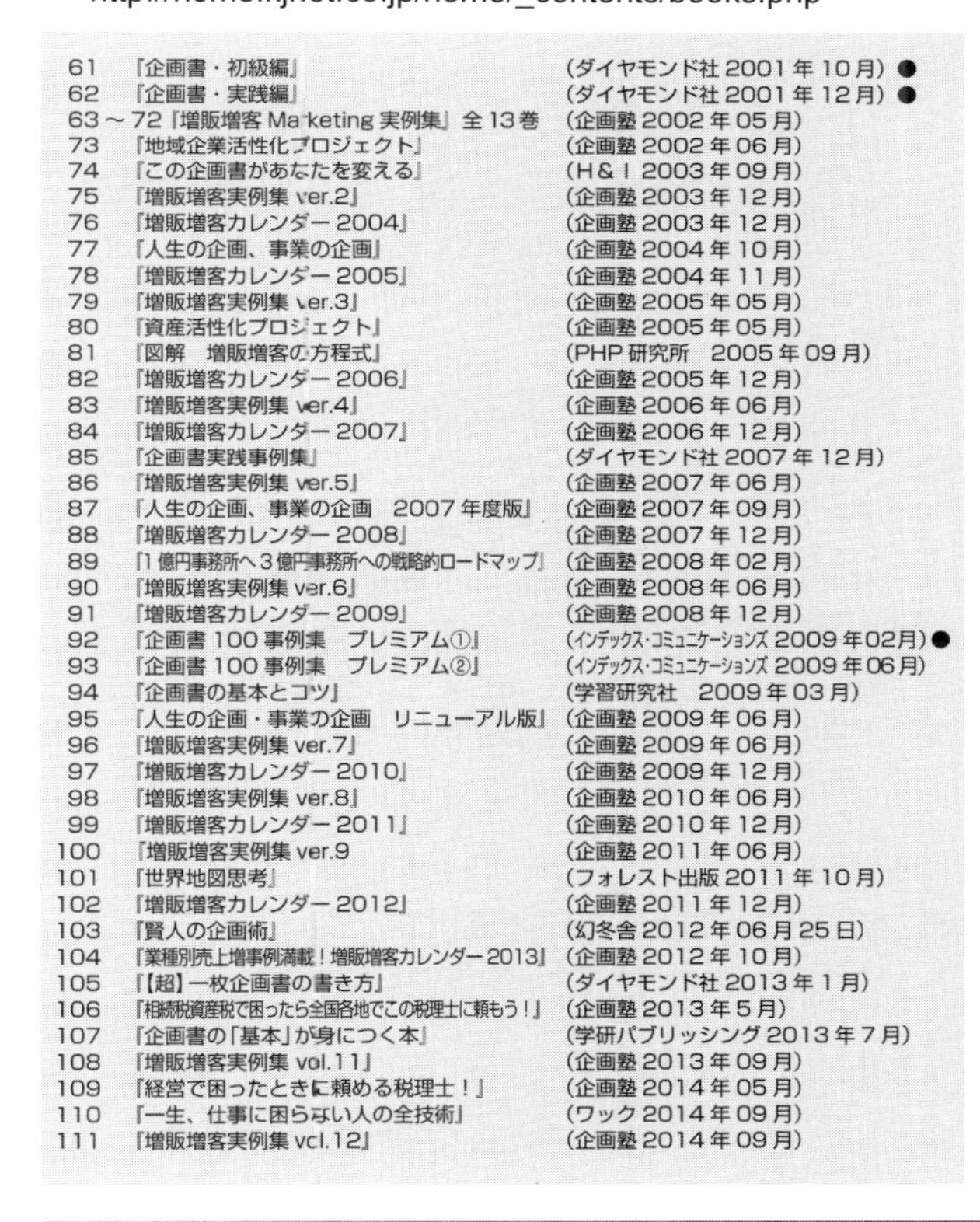

61 『企画書・初級編』 (ダイヤモンド社 2001 年 10 月) ●
62 『企画書・実践編』 (ダイヤモンド社 2001 年 12 月) ●
63 ～ 72 『増販増客 Marketing 実例集』 全 13 巻 (企画塾 2002 年 05 月)
73 『地域企業活性化プロジェクト』 (企画塾 2002 年 06 月)
74 『この企画書があなたを変える』 (H & I 2003 年 09 月)
75 『増販増客実例集 ver.2』 (企画塾 2003 年 12 月)
76 『増販増客カレンダー 2004』 (企画塾 2003 年 12 月)
77 『人生の企画、事業の企画』 (企画塾 2004 年 10 月)
78 『増販増客カレンダー 2005』 (企画塾 2004 年 11 月)
79 『増販増客実例集 ver.3』 (企画塾 2005 年 05 月)
80 『資産活性化プロジェクト』 (企画塾 2005 年 05 月)
81 『図解　増販増客の方程式』 (PHP 研究所　2005 年 09 月)
82 『増販増客カレンダー 2006』 (企画塾 2005 年 12 月)
83 『増販増客実例集 ver.4』 (企画塾 2006 年 06 月)
84 『増販増客カレンダー 2007』 (企画塾 2006 年 12 月)
85 『企画書実践事例集』 (ダイヤモンド社 2007 年 12 月)
86 『増販増客実例集 ver.5』 (企画塾 2007 年 06 月)
87 『人生の企画、事業の企画　2007 年度版』 (企画塾 2007 年 09 月)
88 『増販増客カレンダー 2008』 (企画塾 2007 年 12 月)
89 『1 億円事務所へ 3 億円事務所への戦略的ロードマップ』 (企画塾 2008 年 02 月)
90 『増販増客実例集 ver.6』 (企画塾 2008 年 06 月)
91 『増販増客カレンダー 2009』 (企画塾 2008 年 12 月)
92 『企画書 100 事例集　プレミアム①』 (インデックス・コミュニケーションズ 2009 年 02 月) ●
93 『企画書 100 事例集　プレミアム②』 (インデックス・コミュニケーションズ 2009 年 06 月)
94 『企画書の基本とコツ』 (学習研究社　2009 年 03 月)
95 『人生の企画・事業の企画　リニューアル版』 (企画塾 2009 年 06 月)
96 『増販増客実例集 ver.7』 (企画塾 2009 年 06 月)
97 『増販増客カレンダー 2010』 (企画塾 2009 年 12 月)
98 『増販増客実例集 ver.8』 (企画塾 2010 年 06 月)
99 『増販増客カレンダー 2011』 (企画塾 2010 年 12 月)
100 『増販増客実例集 ver.9 (企画塾 2011 年 06 月)
101 『世界地図思考』 (フォレスト出版 2011 年 10 月)
102 『増販増客カレンダー 2012』 (企画塾 2011 年 12 月)
103 『賢人の企画術』 (幻冬舎 2012 年 06 月 25 日)
104 『業種別売上増事例満載！増販増客カレンダー 2013』 (企画塾 2012 年 10 月)
105 『【超】一枚企画書の書き方』 (ダイヤモンド社 2013 年 1 月)
106 『相続税資産税で困ったら全国各地でこの税理士に頼もう！』 (企画塾 2013 年 5 月)
107 『企画書の「基本」が身につく本』 (学研パブリッシング 2013 年 7 月)
108 『増販増客実例集 vol.11』 (企画塾 2013 年 09 月)
109 『経営で困ったときに頼める税理士！』 (企画塾 2014 年 05 月)
110 『一生、仕事に困らない人の全技術』 (ワック 2014 年 09 月)
111 『増販増客実例集 vol.12』 (企画塾 2014 年 09 月)

成功事例が語る
売上増の秘訣！

『増販増客実例集 ver.1』

『増販増客実例集 ver.2』
『増販増客カレンダー 2004』

『増販増客実例集 ver.3』
『増販増客カレンダー 2005』

『増販増客実例集 ver.4』
『増販増客カレンダー 2006』

『増販増客実例集 ver.5』
『増販増客カレンダー 2007』

『増販増客実例集 ver.6』
『増販増客カレンダー 2008』

『増販増客実例集 ver.7』
『増販増客カレンダー 2009』

『増販増客実例集 ver.8』
『増販増客カレンダー 2010』

『増販増客実例集 ver.9』
『増販増客カレンダー 2011』

『増販増客カレンダー 2011』
『増販増客実例集 ver.10・増販増客カレンダー 2013 付』

『増販増客実例集 ver.11・増販増客カレンダー 2014 付』

『増販増客実例集 ver.12・増販増客カレンダー 2015 付』

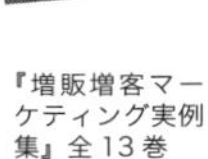

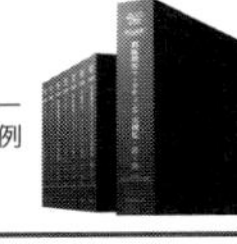
『増販増客マーケティング実例集』全 13 巻

報告事例 3,000 超、コンテンツ化 500 超!
企画塾の『増販増客実例集』『増販増客カレンダー』

2003 年から発刊している「増販増客実例集」。実証、仮説、検証された増販増客実例集。徹底した売上アップノウハウを満載、全国から寄せられる増販増客実例を毎年書籍化し、刊行している。増販増客を支える「増販増客カレンダー」は、1 年間の増販増客のヒントとともに、業種別カレンダーやその販促・営業プロセス、ワンポイントを掲載。

株式会社 企画塾

PLANNING COLLEGE（JMMO 主催会社）

会社名称　株式会社 企画塾　　英文名称　PLANNING COLLEGE
代表取締役　高橋憲行
住　所　〒151-0051　東京都渋谷区千駄ヶ谷3丁目59-4 クエストコート原宿410
電　話　03-6447-0880　/　FAX　03-6447-0881
H　P　http://www.kjnet.co.jp/
創　業　1974年10月
設　立　1991年11月
資本金　1,000万円

『増販増客』実践コンサルティング

営業、販売における実践的なコンサルティングです。根性論営業や個人技では破綻します。営業、販売は技術的な問題です。『売れない時代に売る』ことは可能です。しかも売上増のレベルは昨年対比では非常に大きく変貌します。

企画部門の再構築、マーケティング部門の再構築

営業、販売を支援する企画部門やマーケティング部門。営業・販売のプロセス設計とツール設計を徹底するのがこの部門の役割。外注まかせで単純管理をしている時代ではありません。予算消化部門から真の戦略部門、営業支援部門に脱皮させたい企業向けです。

企画教育研修部門

企画力は、最大の資源です。企画力を向上させるために、また社内の知的帳票としての企画書を標準化させることは、情報化社会では、ＩＴ整備以上に重要です。知的帳票の標準化、体系がなければ、ＩＴの利用は困難。まずは企画教育から……

日本マーケティング・マネジメント研究機構

Japan Marketing & Management research Organization
略称：JMMO（ジェイモー）
http://www.jmmo.com/

●会員組織（学習研究組織）

会計人の皆様を中心とした、中小企業、商店の増販増客、売上増の研究実践集団。主として月例会でマーケティングノウハウの学習を中心に活動。地元企業へのノウハウ移植を目指し、実践されています。もちろん、会計事務所の増販増客、顧問先増も目指しています。

マーケティング・プランナー養成特別講座

略称：MP（エムピー）講座
http://www.kjnet.co.jp/mp/

●実践教育機関

ＭＰ（マーケティング・プランナー）の養成のための教育機関。講座期間中に大きな実績も生まれ、『増販増客実例集』にも多数収録されています。

著者紹介

高橋　憲行（たかはし　けんこう）

株式会社企画塾　代表取締役 塾長。多数の会計事務所が参画する『日本マーケティング・マネジメント研究機構』（JMMO）主宰。

京都工大講師、近大講師、各地の自治体顧問。企業や官公庁等へ 30 年以上のコンサルタント歴。ビジネスに不可欠な企画と企画書の体系を創始、大企業を中心に多数の企業に導入。

売上増の方法論を編み込んだ企画書は企業の知的部門に深く影響を与え、その結果、企画の達人とも仕掛人とも呼ばれる。

アサヒビール再出発時やミノルタ α 7000 開発前の顧問として関与するなど事業やヒット商品に多数関わる。

公的なコンサルタントとしては、関西文化学術研究都市の一角を占める『ハイタッチリサーチパーク』を構想から実現まで関与。

平成大不況下、大企業で培ったノウハウを中小企業、商店むけに提供。売れない時代に売る各種方法論を構築『増売拡販大事典』（ダイヤモンド社 99 年）『増販増客実例集』(企画塾 01 年）に収録。100 冊を超える著作があり、多数が海外に翻訳されている。

企画塾ホームページ　http://www.kjnet.co.jp/
高橋憲行 Facebook　https://www.facebook.com/takahashikenko

日本復活への企画書
ロボット産業が自動車産業を超える日……群馬発

2015年3月7日　初版第1刷発行

著者……………………………高橋 憲行
図解・4コマ漫画……………高橋 憲行
発行……………………………上毛新聞社事業局出版部
〒371-8666
群馬県前橋市古市町一丁目50-21
TEL：027-254-9966
装丁……………………………一色 昭子

※価格はカバーに表示してあります。

Printed in Japan　ISBN 978-4-86352-123-0　C0030

※表紙カバーは榊原機械株式会社（213ページ）のロボットを操縦する著者